# 成交思維

促購力

営業の

一流、二流、三流

**比天賦更強大，學習43個業務、交涉的「一流習慣」，**
**小小改變將帶來巨大成就**

日本業務大師

**伊 庭 正 康**

賴郁婷———譯

# 前言

## ◆好不容易達成業績！為什麼一點都不開心？

我曾做了不該做的事。

剛到人力公司擔任廣告業務一年左右的時候，我離達成業績只差最後一步了，卻遲遲無法跨越。

我用盡所有方法，卻已無計可施。

「我想達成業績目標……不，我一定要達成，否則就完蛋了。」

沒自信的不知道自己在害怕什麼，只是莫名的感到焦急。

人一旦被逼到絕境，就會做出錯誤判斷。

在擠得水洩不通的電車裡，我閃過這個念頭：「事到如今，只能拜託客戶幫忙了。」

我知道這個念頭很可笑，但是只能這麼做了，要笑就笑吧。我傲氣的做出決定。

人被逼急了，反而會產生不可思議的力量，實在很奇妙。

於是，我再次拜訪一輪因為沒有徵才需求，前天剛拒絕廣告業務提案的客戶。

當然，我還是碰壁了。不過，就在這個時候有個客戶對我說：「你有業績壓力啊！我知道了，把合約書給我吧。」

他彷彿上帝般拯救了我，讓我達成了業績目標。

然而，在鬆了一口氣之餘，心中突然湧上一股前所未有的自我厭惡感：「還是別這麼做好了，這樣太低級了……」當時的我非常不願意做出這樣的事。

或許，我早已隱約知道這位善良的客戶一定會幫我，也對此抱著期待。
就算不想承認，但我意識到：有良心的業務，如果不懂得自我要求，將無法繼續成長。

我隨即向那位客戶道歉。
「沒關係，你不用在意（笑）。」他說。
他果然是個善良的人。
就在那一刻，我決定要憑實力成為日本第一流的業務。

## ◆膽小的我，立志靠實力成為日本第一流的業務

「聽說，犯過錯的人，一旦下定決心改過，就會貫徹到底。」
我好像能瞭解這種感覺。
自此之後，我認真的朝「日本一流業務」前進，可惜日本並沒有最佳業務競

賽。

我決定先在當時任職的公司「人力資源仲介集團RECRUIT」中成為一流業務。

因為沒有自信，所以努力磨練提案能力，想要憑實力證明自己。而努力終於有了代價，我在公司內的「人力派遣事業部」得到最高的評價，獲得前往海外實習的機會。

我原以為這樣就是一流業務了，但是周遭的人卻不這麼認為，他們說：「在公司內負責所有人力業務相關事項的綜合部門裡成為第一，才是真正的一流業務。」

這個時候，我面臨了人生第一個抉擇。

上司準備升我為總編輯，詢問我的意願。

這個職位代表公司對我的期待，對員工來說，是出人頭地的好機會。

那一瞬間，我心動了，不過我後來婉拒了。

因為自認能力不足，我決定到可以經歷全方位挑戰的部門當業務。我以為自己可以勝任這份業務工作，但是前兩個星期我完全不知所措，後來才漸漸找到應對的方法。

舉例來說，就連跟初次見面的客戶交談，也有訣竅。我結合前輩的方法以及實際心得，慢慢整理出獨特的「業務技巧」。

結果，第一年我就獲得了「日本一流業務」的殊榮，隔年亦是如此。這樣的成就超乎我預期，自己都感到十分驚訝。

在這段過程中，我沒有愧對自己的良心：沒有私下拜訪客戶幫忙、不為了求得業績而低聲下氣，只是憑實力與獨特業務技巧而已。

## ◆想成為一流業務，就要學習業務技巧

本書所要介紹的，就是這套業務技巧。

除此之外，當然還有很多其他的業務技巧，不過這裡所介紹的都是「必要

的」技巧。

做業務不需要特殊才能，也不需要毅力，關鍵在於是否瞭解以下幾點：

- **「糾纏」和「熱心」的差異**
- **「關係好」和「信賴」的差異**
- **「滿足需求」和「超越期待」的差異**
- **「知道」或「不知道」，就可能造成不一樣的結果**

成功關鍵在於瞭解這些細微差異，也就是所謂的業務直覺與反應。然而，沒有人可以教你什麼是「業務該有的直覺與反應」。幸運的是，我受到許多前輩關照，透過許多經驗學習到這一點。

如今，我創立了培訓公司，每年與上千名業務分享我的業務技巧，包括「業務的分寸」。

當你有所體悟，業務工作會變得愈來愈有趣，也會漸漸受到客戶歡迎，不斷締造輝煌佳績。

本書採類問答的形式，讓各位思考在各種情況下「一流業務會怎麼做」。透過這種方式，輕鬆學會業務該有的直覺與反應。

若本書可以為各位帶來啟發、提供幫助，對我來說是至高無上的喜悅。

接下來，讓我們朝著一流的世界邁進！

RASISA LAB 培訓公司講師，伊庭正康

## 第1章 一流業務該有的「態度」

# 目次

## 第3章 一流業務的「洽談技巧」

## 第4章 為何一流業務總是「對工作充滿幹勁」？

## 第5章 一流業務的「促購情報」

# 第 1 章

# 一流業務該有的「態度」

業務的態度

# 業務提案是感動客戶的藝術

每年，我都會替上千名業務進行培訓，因此漸漸確定了一件事情：一流業務都會做出「超乎期待」的舉動。

這裡指的一流業務，各位可以想像成深受客戶喜愛、十分搶手的業務。

多數業務都會盡力滿足客戶的要求。不過，**對一流業務來說，光是達到客戶要求還不夠，必須要有「超乎期待」的驚喜**，也就是「不只要滿足客戶需求，還要做得更多」。

對我來說，業務提案不僅僅是工作，更是一門藝術。

業務是世界上最講究的工作了，無論是準備資料、提案，甚至是服裝儀容、跟客戶嘘寒問暖或稱呼對方等等，全都需要技巧。

每個環節因人而異，沒有固定答案。

只要順著自己的直覺，做出超越客戶期待的舉動，最終就能獲得「簽約」的肯定。

各位不妨開始磨練自己，找出超乎客戶期待、只有你才做得到的獨創服務。

接下來，我將從人人都做得到，但多數人卻不知道的簡單小事開始。這些事情，正是一流業務都會身體力行的做事原則。

拜訪客戶時

# 三流的人靠勤於走訪；二流靠優惠資訊；一流業務靠什麼讓自己與眾不同？

先問個問題：「糾纏」和「熱心」究竟有何不同？兩者都是積極的態度，但實質上的意義卻完全不一樣。

為什麼你的行為是熱心，而不是糾纏呢？**答案是：行為中是否包含「討喜訊息」**。

「討喜訊息」和「優惠訊息」不一樣，優惠訊息指的是特價活動或大贈送之類的訊息；討喜訊息則是讓人覺得你「很細心、很貼心」。舉例來說，美食雜誌頂尖業務拜訪客戶或店家時，會帶著自己整理、有關「成功提升營業額」的案例給對方參考。

我做過求才廣告的業務，對於競爭對手的客戶，我也會像面對自己的客戶一樣，真心祝福對方成功找到人才，也會在拜訪時準備好成功面試守則、錄取通知和謝絕通知範例等資料，提供對方參考。透過這個方法，讓自己有別於其他業務。

「為什麼要為我做這麼多？」只要對方說出這句話，我絕對有機會可以爭取到這位客戶。

另一方面，某些業務會對客戶說：「我會一直來拜訪您，不管是白天還是晚上，直到您肯見我為止。」這種毅力的確令人欽佩，但客戶反而會覺得：「這個人也太沒常識了。」

**一味的登門拜訪卻沒有為對方帶來任何「討喜訊息」，只會讓人覺得很煩而已。**這是舊時代業務的作法，但如今已經不同以往，奉勸大家千萬別嘗試。

總而言之，屢次登門拜訪客戶並不是不好，只是，拜訪時一定要帶著讓對方覺得你很細心、很貼心的討喜訊息，讓「煩人」的拜訪轉為「熱心」。因此，拜訪客戶之前，請先想想自己能為對方帶來什麼討喜訊息。

不需要把事情想得太困難，就算不是自己花時間整理，而是直接利用公司現成的資料或情報也無妨。

不過切記，一定要在現成的資料上親自加上一、兩句話，例如：「我想您應該用得上這份資料，提供給您參考，希望多少能幫得上忙。」

小小的差別，就是做業務的技巧。這份用心，肯定能讓客戶感到驚喜。

一流業務懂得用「討喜訊息」讓自己與眾不同。

時時用心，才能讓客戶覺得你「很細心」。

瞭解客戶產品

# 三流的人用LINE到處問人；二流上網搜尋；一流業務如何熟悉客戶的商品？

假設今天要爭取一間企業客戶，拜訪之前，當然要先瞭解「客戶的產品」。這時候，你會怎麼做呢？

如果利用LINE向同事打聽，得到的回答多半是「不知道」的貼圖。這種時候，多數業務都會上網收集資料。不過，這樣還不夠。

**一流業務會在可能的範圍內親自調查，因為網路資料通常和現實狀況差距甚遠。**

雖說是調查，其實也不必做到偵探那樣。（笑）

舉例來說，你是零件工廠的業務，剛從前輩手中接下按摩椅公司（A公司）的業務。

接下這個客戶之後，你有什麼想法？

如果是一流業務，一定會想在一個月內做出比前輩更好的成績，讓客戶覺得你很厲害。

於是你前往家電量販店考察、偽裝成顧客、向店員詢問，藉此瞭解A公司的產品。

「不買A公司產品的人，都是哪些人呢？」

「A公司的產品講求的是多功能，所以按鍵很多，對年紀比較大的人來說，操作起來太複雜。」店員這樣回答。

當你把這個訊息轉達給客戶時，對方會有什麼反應呢？

肯定會感到驚喜：「你竟然還幫我們做了市場調查，真是太認真了！」

如今，有愈來愈多公司替員工安排3C分析（註：指「顧客」customer、「競爭對手」competitor、「企業本身」company）等業務策略架構課程。然而，即使學得再多，多數的業務都不會活用，如果只有表面上的理解，當然不可能抓住客戶的心。

懂得「將所學活用在工作上」，就會發現自己能做的還有很多，像是前述例子中，親自到販售店家考察，觀察不願購買客戶產品的人最後都買了哪些產品，並將調查結果轉達給客戶。簡單的舉動，就能讓客戶感到驚喜。

**簡單來說，就是親自實地調查，掌握有利於客戶的第一線情報。**

這個方法當然也適用於個人客戶。各位可以想想看，哪些事情是客戶想知道卻不瞭解的？或許只是風評很好的店家、醫院、進修班等等，如果有這樣的消息，請親自跑一趟為客戶瞭解。

維持這樣的態度面對客戶，不用多久，他就會成為你的忠實顧客。

時時提醒自己，不能光靠網路收集資料。
一流的業務會代替客戶到現場「調查」實際狀況。

挑選領帶

## 三流的人考慮價格；二流選擇品牌；一流業務挑選領帶的心機為何？

以企業為客戶的業務就算擁有三十條領帶，還是不夠用。

這絕對不是講求時髦，也不是熱中收集領帶的緣故。

真正的原因是：**業務的領帶顏色，必須依據客戶的「企業代表色」做調整。**

假設客戶的企業代表色是藍色，你的衣櫃裡至少要有七、八條藍色領帶才行。

為什麼要這麼留意客戶的企業代表色呢？其實，這是業務策略。

某大企業櫃檯人員告訴我：「公司的企業代表色是綠色。」

據說，到該公司拜訪的業務約有一～二％的人一定會搭配綠色領帶。也就是說，一流業務所採取的方法，就是配合客戶的企業代表色挑選領帶。

看到這裡，各位知道我要說的重點是什麼了吧？沒錯，領帶顏色就是展現你不同於競爭對手的道具。

一流業務會自然的告訴客戶：**「我把自己當成貴公司的一員，如果有我能效勞的地方，請不要客氣，儘管吩咐。領帶顏色就是展現我為貴公司效力的決心。」**

客戶聽到這席話，都會又驚又喜。從這一刻起，客戶會開始留意「領帶顏色」，以此作為「業務是否真心為我著想」的判斷標準。如此一來，你的競爭對手就會在不知不覺中掉進這個陷阱裡。

稍微離題，跟大家說一個關於顏色的故事：

朋友去看了浦和紅鑽隊的職業足球聯賽。浦和紅鑽隊的代表色是「紅色」，比賽當天，看台上整片紅通通的球衣，只有他不小心穿了代表敵方球隊的藍色衣服。

同行的友人提醒他：「你神經也太大條了！」他才驚覺自己有多糊塗。換言之，顏色有時候是身分認同的重要因素。

回到正題，**業務要對顏色格外用心，男生要注意領帶的顏色；女生可以在圍巾等配件顏色上多花點巧思。**現在，趕緊查清楚客戶的企業代表色是什麼吧！

## 一流業務的致勝祕訣

領帶顏色無關業務技巧，只是知道與不知道的差別罷了。

領帶不單是時尚配件，更是讓自己異軍突起的道具。雖然這只是個小動作，但是成功的祕訣，通常就藏在細節裡。

顏色，絕對是展現與眾不同的致勝配件。

用顏色作為挑選依據，領帶將成為「致勝武器」。

挑選筆

## 三流的人買便宜貨；二流的人挑好寫的筆；一流業務會用什麼樣的筆？

胸前口袋裡的筆，是否也隱藏著業務策略呢？

簽約時，業務使用的「筆」，也代表了對這份合約的態度。

舉例來說，簽約時，各位業務通常都會主動遞出筆給對方使用。

如果拿出來是一枝一百日圓（註：約台幣三十元）的便宜貨，對方會怎麼想呢？

會不會認為你對這份合約的態度太草率？

這是一流業務才懂的道理：**簽約時，「筆的質感」代表了業務對這份合約書**

「用心與重視」的程度。

為什麼簽約時的用筆這麼重要？只要從簽約的立場來思考就能瞭解。筆的貴重與否，足以改變當下的氛圍。記得有一回簽約時，對方遞給我一枝價值十萬日圓（註：約台幣三萬元）的萬寶龍鋼筆。

「喔，這是枝好筆呢。」

「是啊，畢竟簽約要慎重嘛。」

用貴重的筆簽約，肯定會讓人格外謹慎小心，這就是筆的力量，也是一流業務不用廉價原子筆的原因。

不過，也不是非得用萬寶龍的筆才行，只要一千日圓左右（註：約台幣三百元左右）的筆就足以展現業務的用心。

重要的不是品牌，而是「質感」，日後在挑選筆時，記得要選適合簽約等重要場合使用的類型。

同樣道理，鞋子有沒有擦得光亮，也是是否用心的觀察重點之一。

**鞋子擦得光亮，可以展現業務的專業態度，這可說是基本常識，要特別注意。**

無論是踩在客戶辦公室的地板上，或是住家玄關處，對方第一眼看到的通常是鞋子。

如果業務穿的是褪色的鞋子，免不了被認為對工作不夠用心。

切記，一定要養成擦拭鞋子的習慣。

## 一流業務的致勝祕訣

其實客戶非常注意業務身上的東西。因此，選擇服飾及配件時，一定要用「展現業務態度」的角度挑選，其中，最重要的就是原子筆，這是唯一一項業務會給客戶使用的文具，代表了你個人。然而，這麼重要的細節，很多人卻只想用便宜貨打發了事，更不要說使用贈品筆了。

雖然只是小細節，卻能讓客戶感受到你的工作態度。

買筆時要慎重選擇。

一流的業務以「質感」來挑筆。

對待客戶的態度

# 三流的人諂媚討好；二流客客氣氣；一流業務與客戶的關係是如何？

冒昧問個問題：「大家對『唯命是從、沒有主見』的人有什麼看法？」沒有人覺得這樣的人機敏又能幹吧？更別說會認為這種人值得信賴了。

身為業務，如果想成為客戶的夥伴、獲得信賴，無論對方身分高低，都必須展現出「自重、穩重」的態度。

就我的觀察，大多數的業務都把自己當成客戶的「跑腿」，被客戶視為「廠商」來使喚。

在這裡我必須先聲明一點：**業務和客戶的關係不是由客戶決定，而是取決於**

## 業務的態度。

如果你認為自己是客戶的「夥伴」，就不該只是一味的諂媚討好，或是過於客氣見外，反而要展現專業，以莊重、自信的態度面對客戶。

被客戶當成廠商、看不起的跑腿業務，通常都有以下幾個特徵：

1. 勤於拜訪客戶，超過該有的分寸。
2. 總是把：「我知道了！」、「當然沒問題！」掛在嘴邊，承諾所有事情。
3. 討論事情時，椅子坐得很淺，只有一半屁股坐在椅子上、駝背。

各位身邊也有這樣的人嗎？

面對客戶的要求時，這種人總是害怕如果不馬上處理就會「受到責備」、「失去客戶」。

若各位驚覺自己符合以上特徵，就要盡早調整自己的態度。

該怎麼做呢？

請隨時謹記下列事項：

1. 保持自己的專業。
2. 對客戶說：「請相信我的專業，讓我來處理。」
3. 當你說出這句話，就要全力以赴。

各位可以試著從這幾點做起，不管能不能做到，都要嘗試，適時給自己一點壓力也很重要。

## 一流業務的致勝祕訣

如果你自認為是客戶真正的夥伴，就請展現出莊重、自信的態度。如此一來，客戶也會對你更加信任，雙方關係將變得更堅定。

決定雙方關係的不是客戶，而是你的言行態度。

面對客戶時，一流業務會展現專業、自信的態度，視雙方為「夥伴」。

無法做出承諾時

## 三流的人會說「這太難了」；二流解釋困難的原因；一流業務無法承諾客戶時會怎麼做？

再優秀的業務也有很多事無法給予承諾，例如證券業務無法承諾客戶：「一定能賺錢！」廣告公司的業務沒辦法告訴客戶：「東西一定賣得出去。」銀行業務、製造商的業務亦是如此。

各行各業的業務都會遇到無法給客戶承諾的情況，這時候，最重要的是表現出「**正因為這件事非常困難，所以請放心交給我**」的態度。

以下是我前陣子買冰箱時發生的例子：

我買了重達一百公斤的冰箱，準備放在家中二樓的廚房。將冰箱搬到廚房的唯一方法，就是藉由一樓玄關處的狹窄樓梯搬上去。

當時，家電行的搬運工人看到樓梯後冷淡的表示：「從這裡搬上去的話，冰箱和牆壁間只有三公釐的距離，難度很高喔。」

跟家電行工人討論後，仍然無法處理，我只好找其他搬運公司評估，但是得到的結果是：「搬上去的機率只有一半，而且有八成會損傷牆面，要不要搬就看你了。」

最後我找了另一間搬家公司：「只差三公釐啊……好，交給我們就對了。」

於是，四個工人合力抬起冰箱，慢慢順著樓梯將冰箱搬上二樓。

我細看才發現，在下方支撐著冰箱的工人手不停顫抖，連手背都受傷了。

「算了，別搬了！太危險了！」我急忙說道，但他們仍不放棄。

他們笑著說：「一定可以搬上去的！而且不會傷到牆面（笑）。」

如此拚命的結果，冰箱終於順利搬到廚房，但是所有人的手都紅了。

對此我實在太感動了，除了拍手叫好之外，還多付了一些費用給這群工人。

過去，我曾有過付款時扣下一些費用的經驗，但是多付工錢還是第一回。

仔細想想，雖然一開始我真的很想把冰箱搬到廚房，但是事情演變到最後，就算辦不到，我也對此感到非常滿意了。為什麼會這樣呢？

對客戶做承諾，不該只針對結果，像上述例子中這種「無論如何都盡力達成」的氣魄，同樣也能讓客戶滿意。

這樣的氣魄包括兩種：

**1.「無論如何我都願意幫忙」的氣魄。**

**2.「無論如何我都會盡力完成」的氣魄。**

只要在自己能力範圍內做就好，不必刻意勉強自己，也不要做出不負責任的言行。

不妨先試著以具體行動展現：「無論如何，我都會盡力做到。」

用這種老實、熱忱的態度，一定可以打動客戶。

越困難的事，一流業務越會展現
「無論如何，我都會盡力做到」的氣魄。

希望客戶幫忙引介時

## 三流的人從不開口；二流直接拜託；一流業務如何讓客人主動介紹生意？

很少人願意主動幫業務介紹新客戶，許多業務也不太敢開口拜託舊客戶幫忙。因此，公司內部通常都會教導員工：「完成簽約」、「客戶滿意這次服務」以及「客戶婉拒簽約」這三個時間點是拜託對方介紹新客戶的大好機會，務必打鐵趁熱。

我十分贊成這種說法，利用這些時機點開口，就可以增加成功的機會。

然而，現實卻往往不如預期，因為幫忙介紹其實伴隨著風險：萬一新客戶不滿意，真正受損的是介紹人的個人信用。一流業務非常清楚這一點，因此為了讓舊客戶確實幫忙，而非空口說白話，業務會進一步引導對方行動。

方法就是——**業務主動當「介紹人」，先開口：「我來幫你介紹好了。」**例如，當客戶需要幫助時，就是最好時機，這時候只要將其他適合的客戶，或是友人介紹給對方，對方就會很感激。不僅如此，友人因你的介紹獲得新的合作機會，也同樣感激你，對業務來說，是個雙贏的局面。

但是，接下來才是重點。

奇妙的是，一旦你先主動當介紹人，對方也會主動幫你介紹新客戶，讓雙方建立互相引介的關係。換言之，你已經成功建立相互引介的交易網路。

我也有類似的經驗，當我還是個業務時，床具公司老闆想拓展公司銷售通路，於是我主動開口幫他牽線、介紹新的銷售機會。我以友人的名義介紹另一位客戶給他，這位友人在裝潢公司上班，主要工作是登門推銷。

透過我的介紹，床具老闆成功開拓了新的銷售通路，而裝潢公司的推銷員則看中床具或許會成為裝潢後可販售的消耗性商品。

後來，這兩位客戶都很感謝我，我們也因此建立了互相引介客戶的特殊關係。

## 一流業務的致勝祕訣

主動開口拜託客戶幫忙介紹有其必要性，不過更進一步來說，不妨先主動對客戶開口：「我來幫你介紹好了。」這樣，肯定能為你帶來更多新客戶。

與其等待舊客戶主動引介，不如先想辦法牽起客戶間的引介網路。

一流業務會反過來主動對客戶說：「我來幫你介紹。」

遇到不懂的專業用語時

# 三流的人坦承不懂；二流不懂裝懂；一流業務如何逆轉局面？

業務有時候會遇到自己「不懂」的業界用詞或專門用語。

事實上，如何應對「不懂的用語」，是客戶判斷業務服務品質的標準，不少業務會在這時候「裝懂」，然而這種作法日後絕對會為自己帶來不少麻煩。但是，直接坦言：「對不起，我不懂這個意思。」也不是個好方法。舉例來說，客戶要求業務針對公司提出「中期經營計畫」，這時候如果反問對方：「請問什麼是中期經營計畫？」肯定會失去客戶的信賴，被客戶發現自己的專業知識不足，風險實在太大了。

面對不懂的專業用語，一流業務心裡想的是：「機會來了！」

事實上，**遇到不懂的專業知識或用語，是展現業務實力的最佳時機**。

這時候，一流業務會使出業務技巧，也就是藉由直接發問來掌握此專業用語的意思。這種妙方，可以說是應答的一大技巧。

以上述的「中期經營計畫」為例，你可以這麼回答：「中期經營計畫嗎？我瞭解了。不過，我可以再進一步請教，以便確實掌握您所需要的資料？請問，您指的是中期經營計畫中的哪部分呢？」

對自己不懂的專業用語，以「**我瞭解，但是針對其中某部分有疑問**」的方式提出反問，如此一來，客戶就會進一步說明。

但是，這樣做可能會遇到另一個狀況，也就是「對方回答之後，你還是不懂」。

這個時候，可以試著問清楚對方的意思，舉例來說：

客戶：「你知道的，我們公司的中期經營計畫打算把重點放在獲利。」

業務（內心OS：完蛋了，我不知道這是什麼……先問清楚再說）：「請問貴公司為什麼會做這個決定呢？背後有什麼原因嗎？」

客戶：「我們認為接下來的銷售額不太會再成長了，業界……」

只要針對「部分」和「背景」提出疑問，就能掌握問題的整體概要。

## 一流業務的致勝祕訣

身為業務，遇到業界用語或公司內部用語等不懂的詞彙時，千萬不能裝作自己很懂的樣子，也不能直接坦言自己不懂。

這種時候，請直截了當提出疑問，藉此掌握詞彙的大概意思。從客戶的立場來看，這才是值得信賴的作法。請各位務必試試看。

遇到不懂的專業用語時，善用詢問技巧、直接請教客戶。

重複性工作

# 三流的人覺得很愚蠢；二流覺得浪費時間；一流業務怎麼看無聊的重複性工作？

業務工作免不了要不斷重複某些必要性的工作，有些人會覺得很愚蠢，也有不少人覺得這麼做浪費時間。有這種想法是正常的，所以面對這種情況，必須下點工夫讓事情變得更有意義。

這就是我要說的重點：**把重複性工作視為理所當然，反覆做些單純的小事，反而能增加自己的信譽**。很多業務沒有耐心重複做同一件事，更需要切記這一點。

先跟各位說個例子，是我在新聞報導中看到的真實案例：

大阪某間電影院負責人A先生，每天不管風吹雨打，都會到距離電影院一公里遠的三和銀行（今東京三菱UFJ銀行）存入一百日圓，報導中還提到A先生這樣的行為持續了二十年之久。

當時，該銀行分行長說了一句話，讓我至今難忘。

「A先生就連暴風雨的日子也會來存錢，往後若有需要，無論金額多少，我們銀行一定會借給他。」

只是單純的重複做一件事，超過一定次數後就會成為非常牢靠的個人信譽。

這個道理也適用於業務工作：

「你從不放棄，真佩服你。」可以從客戶口中聽到這句話的人，絕對是個一流業務。

- 定期打電話。
- 定期登門拜訪。
- 定期提供訊息。
- 定期舉辦分享會。

**努力不懈的做一般人會放棄的事，這種態度能為自己帶來高度的個人信譽。**

雖然只是簡單的小事，但因為持續不懈，最終能讓自己成為非常可靠的人。

關於這一點，我也有許多類似的經驗。

例如開發新客戶時，有些人一開始連見面的機會都不肯給，最後卻不知道為什麼，全都願意接受我的拜訪。

詢問之下，很多人都告訴我：「很少有人像你這樣一直要求拜訪，所以我才想給你一次機會看看。」

## 一流業務的致勝祕訣

持續不懈，就會成為個人信譽的表徵，也是業務技巧之一，雖然非常單調，但能做到的人並不多。

乍看之下很無趣、愚蠢的事，因為比任何人都堅持「一定要做好」，這樣的態度肯定會讓客戶和周遭的人更信任你。

這件事情很簡單，但做到卻很難。一旦做到了，就能一躍成為一流業務。

越是看似無趣、愚蠢的事情，越要做得比誰都認真。
一流業務會藉由持續不懈的態度來增加自己的信譽。

回信速度

# 三流的人拖到隔天；二流當天回覆；一流業務多快回覆信件？

面對客戶的信件，各位都什麼時候回覆呢？不論是拖到隔天或是當天回覆，都要改變作法了。

信件一定要「立即」回覆，這是身為一流業務的必備條件。

但是，有時候會因為正在開會或外出中，實際執行上會有困難。所以，這時候可以將回信的時間拉長到九十分鐘以內。

不可思議的是，越忙碌的頂尖業務回信速度越快，真是讓人驚訝與感動，不禁讓人思考：「他到底是在哪裡回信的？」

為什麼我如此在意回信這件事呢？其實，這是有原因的。因為，回信速度快的人，處理其他事情的應對速度也很快，絕對是值得客戶信賴的人。

也就是說，**回信速度容易被視為「做事速度」的指標**。

不過，這些頂尖業務究竟是如何在百忙之中回信的呢？

事實上，這也是業務技巧之一，現在就讓我為各位揭開這個謎團吧。

**頂尖業務通常會利用等電梯、搭手扶梯，或是等紅綠燈的空閒時間，以手機來回覆信件**。除此之外，近年來有越來越多人利用手機語音輸入功能（Siri等等）來回信，我也是其中之一。有了這項功能，即使在移動中也能同時輸入文字回信。有了這些方法，就不會再苦無時間回信了。

然而，有時難免會遇到真的無法回信的時候，變通方法就是先回覆對方：「我晚點再回信給您。」

即使是這樣簡單的一句話、不是完整文章也沒關係，都比「沒有回覆」來得讓人滿意。用語音輸入簡短一句話只要十秒，就能讓自己在對方心中留下「做事謹慎確實」的好印象。

**各位還要注意「馬上」這個詞，經常導致雙方產生許多誤解。**要小心使用「我馬上回信給您」，或是「我馬上把資料寄給您」這種說法，因為對某些人來說，馬上可能是指三分鐘以內。

比較妥當的說法應該是明確告知對方時間，例如：「我會在一小時內寄給您。」

明確的時間點會讓自己更有信譽。

## 一流業務的致勝祕訣

回信速度快的人，處理其他事情的速度也很快，而「迅速」會讓自己成為值得信賴的人。各位不妨多多利用手機，讓自己隨時隨地都能即時回覆客戶的信件。

一流業務會在九十分鐘內回信。
等電梯的時間就是最好時機。

# 第 2 章

# 一流業務如何與客戶「建立信任感」

信賴感哲學

# 「關係好」不等於「信賴」

很多業務會吹噓自己和客戶關係很好，事實上，一流業務絕不會因關係好得意自誇，因為他們知道：「關係好」和「信賴」是完全不同的兩件事。

請各位看一下左頁圖表，你會發現，這兩件事跟關係好壞程度的關聯性並不高。關係好不過只是合得來、談得來的程度而已；而信賴指的是「遇到困難時願意伸出援手」的關係。換言之，**信賴是「自己人」的關係，也是一流業務期望的目標。**

那麼，究竟該怎麼做呢？接下來本章就將為各位介紹與客戶建立自己人關係的實際方法。

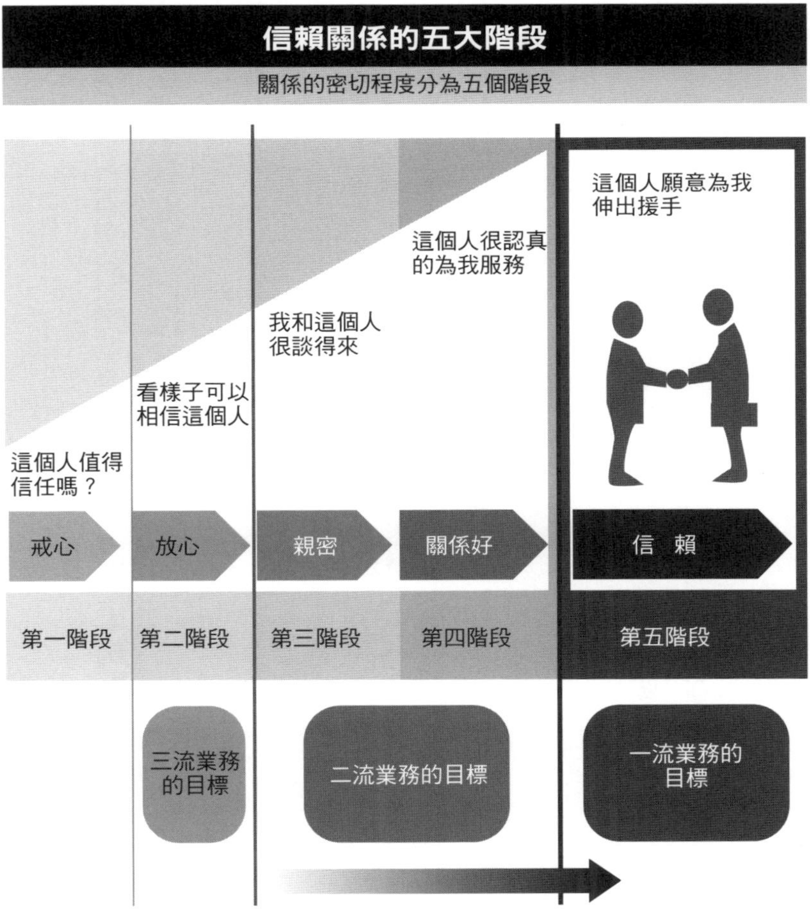
信賴關係的五大階段
關係的密切程度分為五個階段
這個人值得信任嗎？
看樣子可以相信這個人
我和這個人很談得來
這個人很認真的為我服務
這個人願意為我伸出援手
戒心
放心
親密
關係好
信　賴
第一階段
第二階段
第三階段
第四階段
第五階段
三流業務的目標
二流業務的目標
一流業務的目標

無法答應客戶要求時

# 三流的人斷然拒絕；二流以公司規定婉拒；一流業務怎麼回覆客戶？

身為業務，面對必須嚴守的原則，就應該保持堅定的立場。

但是如果以「這是公司規定」拒絕客戶，將無法獲得對方的信賴，更別說直截了當跟客戶說：「辦不到。」恐怕只會換來：「叫你上司出來！」的怒斥而已。遇到無法答應的要求時，怎麼做才恰當呢？

首先，假使客戶的要求並非無理，最大原則就是：站在客戶的立場為他爭取。也就是**面對客戶時，不能站在公司的立場，而是要站在客戶的立場**。

跟各位分享一個經驗：

那是很久以前的事了。剛創業時，我用的是個人名義，所以銀行帳戶名稱是個人姓名，而非公司名稱。

有一次，因為某種原因，銀行要求必須填寫公司名稱才能匯款。和銀行溝通了好幾次，行員只是以「這是公司規定，無法通融」拒絕我。

正當我準備放棄時，突然有間大型銀行給了我奇蹟似的答案。

我說明了自己的特殊狀況，女行員聽完後告訴我：「我瞭解了，請您先稍等一下，我替您爭取看看。」

不久之後，來了一位經理級的人物，聽完我的狀況之後表示：「很抱歉敝行有這麼多規矩，不過針對您的狀況，我們沒有理由拒絕受理，現在就為您辦理。」

或許只是我一廂情願，但是我到現在還是很喜歡這家銀行。

現在，我就算有好幾個銀行帳戶，卻特別鍾愛這家銀行的戶頭，因為我很感謝那位願意替我爭取的行員，對當時的我來說，無論行員爭取的結果如何，我都很高興。

當然，有時候爭取後結果可能還是不行，這時候可以對客戶說：「很抱歉，是我的能力不足。敝公司的主管也很想幫忙，但是這次的狀況真的很難通融，希望您能諒解。」

要注意，千萬不可以「醜化自己的公司」，否則會讓客戶誤解，反而使雙方關係更加惡化。

## 一流業務的致勝祕訣

通常，客戶會仔細觀察業務的一言一行，從中判斷你究竟是不是自己人、是不是真的和他站在同一邊。

**業務不僅代表公司，同時也必須幫客戶代言**。即便如此，還是有很多事情無法答應客戶。因此，面對客戶的要求，即使覺得辦不到或有困難，至少要先試著為客戶爭取，就算最終結果行不通，客戶也會將你的態度全看在眼裡。

一流業務會告訴客戶：「我替您爭取看看。」

即便辦不到，也要試著以客戶的「代言人」身分去爭取。

洽談業務時的稱謂

# 三流的人稱自己我們公司；二流稱對方貴公司；一流業務會用何種稱呼拉近雙方距離？

各位和客戶洽談業務時，會使用什麼「稱謂」？

對話時使用的主詞可以拉近雙方心理上的距離，但是有時候也會讓彼此變得更疏遠。事實上，稱謂的使用也是有技巧性的。

多數業務都會以「敝公司」來稱呼自己的公司，並稱對方為「貴公司」。

**有些業務也會以「我們公司」來自稱，不過要避免這種說法，因為這等於將客戶屏除在外。**

既然不能這樣說，一流業務究竟會使用什麼樣的稱謂呢？

一流業務通常會刻意以「我們」來囊括自己和客戶。當然不是第一次見面就以「我們」來稱呼，反而會讓客戶有防備之心。一流業務會看準時機，在對的時間點使用這個稱呼，像是在向客戶做簡報時使用。

例如，談公事談到一半時：

「我們希望達到的目標是……」

「我們目前面對的問題是……」

像這樣慢慢在談話中以「我們」來稱呼。

另一個時機點是聊公事以外的事情時。

「就像我們常聊到的……」

「我們都知道……」

**藉由談話，不時傳達「我們」這個訊息，就能在潛移默化中拉近與客戶的距離。** 藉由聲音或影像對潛意識產生的心理效果，不時默默將「我們」安插到對話中。重要的是，一流業務絕不只是嘴巴上說說而已，他們會先成為客戶的「自己人」，和客戶站在同樣的立場對話。因此，即使對客戶提出大膽建議，通常也都能被接受。

這樣的作法或許需要點勇氣，不過別擔心，隨著聊天次數越來越多，客戶會漸漸卸下心防，談話的氣氛也會變得比較放鬆。若客戶的提問比平常還多，就表示時機到了。各位不妨先留意這個時間點、好好掌握，時機成熟後，就可以試著大膽使用「我們的目標是」或「我們的問題是」等說法。

你會發現，談話會進行得比想像中要自然且順利。

我在培訓講座上都會以「用 We 當主詞」為標題介紹這個業務技巧，學員學會之後都能快速活用，並在洽談業務中有亮眼的表現。

各位一定要嘗試這個方法，肯定能拉近你和客戶之間的關係。

一流業務會改用「我們」稱呼自己和客戶，讓雙方站在同一陣線。

客戶的名字

# 三流的人只記得客戶公司名稱；二流記得客戶名字；一流業務會記得什麼呢？

各位也有記不住客戶名字的困擾嗎？說來慚愧，其實我的記性也很差。不過，記名字對我來說，是業務的功課之一，我會在腦中重複兩、三次，想辦法記住對方的名字。

有些業務只會記得客戶公司的名稱，例如「〇〇公司」，這樣當然不行；也有很多業務會記住客戶的名字，但是這樣還遠遠不夠。

一流業務除了記住客戶的名字之外，還會想辦法記住「對客戶而言很重要的人」。

理由很簡單，一流業務都知道：**對「客戶重視的人」表現出尊重的態度，客**

**戶會對你產生信賴感**。舉例來說：

「小拓（客戶的兒子）最近好嗎？」

「澀谷營業處的山田先生這陣子的表現也很亮眼呢！」

各位都遇過這種人吧！知道你重視的人是誰，是不是讓人受寵若驚呢？

其實，對方並不是自然而然就記得這些名字，而是刻意記住的。具體的作法是：當客戶聊到他所重視的人時，你可以若無其事的詢問對方：「他的名字是？」這時候，對方通常會毫無戒心的告訴你。

知道名字後，先在行事曆上做筆記，然後務必記錄在顧客資料中。這樣一來，不管經過多久，都有紀錄可供查詢。

確實，牢記對客戶而言很重要的人是贏得客戶信賴的第一步，各位一定要試試看。

假設對應的是公司行號，可以記住「該公司的優秀員工」、「業績表現最好的新進員工」或「知名主管」；如果是個人客戶，則可以記住客戶的家人、親戚、鄰居、朋友或寵物的名字等等。

這些都是可以事先牢記的人物。

## 一流業務的致勝祕訣

除了記住客戶重視的人之外，也可以透過閒談進一步瞭解客戶的喜好，例如：「話說回來，您週末都習慣做哪些休閒活動呢？」只要學會開啟閒聊話題，像是：「話說回來」、「說到這個」、「如果方便的話」等等，就能輕易展開對話。

**一流業務都喜歡和客戶閒話家常，其背後目的就是為了收集情報。**

請各位務必試試「從聊天中探聽出客戶重視的人」，肯定會讓你和客戶間的關係變得更不一樣。

一流業務會透過聊天，想辦法問出「客戶重視的人」，
然後用心記住。

受邀參與公開招標時

## 三流的人被叫來當炮灰；二流被叫來當對手；一流業務在招標時擔任什麼角色？

如果哪天各位突然被叫去參加客戶舉辦的公開招標，就表示一切可能為時已晚。因為，客戶的答案通常早已決定，換言之就是「綁標」。

以目前的法規來看，業者不能直接將業務包給某家公司，而是必須公開招標、從多家競標公司中做出選擇。不過，很多時候客戶早有內定人選，公開招標只是形式上做個樣子罷了。

這時候參加招標搞不好會落選，也就是被當成炮灰，或被當成主角的對手。

不過，一流業務就不一樣了。他們也可能被叫去參與公開招標，卻是在準備階段時就受邀參加。沒錯，**一流業務通常會受邀擔任「公開招標策劃人」**。

過去，我也曾經當過「綁標幫手」，那已經是好幾年前的事了。

在一場公開招標上，當A公司在台上做簡報時，我們就假裝成客戶坐在台下聽報告。

事實上，正是我們提議邀請A公司來參與招標。A公司的業務範圍並不包含客戶需要的某些服務，因此才選定它來參與招標，也就是當炮灰。當時，客戶對此也完全知情。

這個狀況相當駭人聽聞，假使角色對換，我肯定會感到不寒而慄。不過，這的確是業界的真實狀況。

既然如此，該怎麼做才能讓自己成為策劃招標的主角呢？

當然，你不需要強迫客戶舉行招標。

各位可以先試探、瞭解客戶的內部規定是否要舉行公開招標。

這種時候，你必須確定兩件事：

1. 這次是否要舉行公開招標？
2. 客戶是否已有中意的人選？

如果客戶決定公開招標，而且早已認定你就是最後的得標者，這時候，你就可以提議一起策劃，並提供方式及候補業者（你的對手）給客戶。

具體作法是先詢問客戶：「這次要請其他公司一起來招標嗎？」

如果客戶對適合參與招標的業者毫無頭緒，你就能主動提議：「如果方便的話，我們一起想辦法吧。」

不需要一開始就這麼做，但是對於公開招標，最好要把自己當成「策劃者」，而非「受邀者」。

剛開始或許不太容易實行，但是這個方法可以促使我們成為客戶的自己人，請大家務必嘗試看看。

讓自己成為和客戶一同策劃公開招標的角色。

走路時做什麼

# 三流的人走路看地上；二流走路看前面；一流業務走路時留意什麼？

「最近有什麼有趣的事嗎？」業務都曾被客戶問過這個問題。因此，身為業務，要隨時準備各種有趣的話題。

如果這時候回答：「前幾天我去了一趟晴空塔，玩得很開心。」只會讓客戶翻白眼，他並不想知道你的日常生活。

對業務來說，有趣的話題必須具備三個條件：

1. 對客戶有利的事。
2. 客戶會想與他人分享的事。
3. 可以的話，最好能為自己帶來業績。

舉例來說，如果對方是個致力於員工教育的領導者，可以聊一些與領導力相關的話題，例如：

「車站前那條大馬路，原本滿地都是口香糖，現在竟然全被清理乾淨了。我很好奇是誰做的，一問之下才知道，原來是站前那間便利商店的員工幫忙清理的。聽說這是便利商店店長出的主意，可見領導者的素質真的很重要。」（假設你是領袖培訓中心的業務）

如果對方是個熱愛美食的人，就跟他聊附近的人氣餐廳：「車站附近新開了一家人氣義大利麵店，我想應該用得著，就先去要折價券了。我想去吃吃看，您要不要一起去呢？」

這才是對方期待聽到的有趣話題。不必想得太難，只要從平時閒談中試探客戶感興趣、關心的話題就可以了。

走路如果只看地上，就什麼都看不到；如果只看前面，就不會注意到周遭。**「邊走邊尋找可作為話題的事物」，很容易就能有所發現**，例如：觀察女生會利用搭電車時補妝，說不定就可以從中想出吸引女性顧客的策略。

## 一流業務的致勝祕訣

日本知名節目主持人明石家秋刀魚曾經說過：「只要想到有趣的說法，我就會馬上寫下來。」

各位首先要做的是：**走路時隨時留意周遭是否有「可以跟客戶分享的話題」**。

當你改變了走路習慣，肯定會嚇一跳：原來周遭有這麼多可以作為話題的事物。

一流業務會隨時用「客戶的角度」邊走邊觀察，留意周遭是否有「可以跟客戶聊天的話題」。

受到公司內部表揚

## 三流的人擔心沒有下次；二流和上司分享；一流業務會把得獎喜悅和誰分享？

各位的公司是否有內部表揚機制呢？如果有的話，對你來說就是個大好機會：和客戶分享得獎喜悅、表達自己的感激，可以拉近你和客戶之間的距離。這是必然的，因為客戶光是知道業務有這份心，就會非常高興了。因此，如果各位受到表揚等肯定，記得要向客戶致謝。

我剛開始當業務時，並沒有注意到這一點，從不曾向客戶表達任何謝意。說來慚愧，我根本沒有想過要這麼做。

每當受到公司表揚時，我一心只想著：「不知道下次還能不能得獎。」「好想再得獎一次。」

後來，有個頂尖業務前輩點醒了我：「咦，你都沒有跟客戶致謝嗎？」他的一句話才讓我驚覺，**原來受到表揚不是因為我的個人努力，而是全靠客戶的幫忙**。我當然會對上司表達謝意，卻從沒想到還要感謝客戶。

從那次之後，我更想再次受到公司表揚，因為我想對客戶表達我的感激。後來，每當我對客戶致謝時，對方一定會說：「哪裡、哪裡，我什麼都沒做啊。不過還是謝謝你，要繼續努力喔。」業務很少得到這樣的激勵。

幾次之後，漸漸的換客戶主動對我表達關心：「你這一次又受到公司表揚了，對吧？」「下一次也要加油喔！」

就連人事異動後，我不再是對方的專屬業務，客戶還為我舉辦了歡送會，要我繼續加油。

或許是我對公開肯定的執著吧，我前後一共獲頒了高達四十多次公司內部表揚，也榮獲好幾次年度日本第一業務的殊榮。要獲得表揚的確不是件輕鬆簡單的事，背後也有很多辛苦，有時候也會想乾脆放棄算了。不過，只要想到可以藉此「向客戶表達感激」，我就會充滿力量，繼續努力下去。

## 一流業務的致勝祕訣

如果各位的公司也有內部表揚機制，不妨把這個表揚視為是向客戶表達感恩的機會。除了感謝上司和同事之外，也要向客戶致謝，就算只有一通電話也好：

「多虧您那時候接受了我的提案，我才能成為全公司的最佳業務。」

「多虧了您的這張合約，我今天才有辦法得到社長獎。」

一句簡單的感謝，客戶都會很高興，也會繼續鼓勵你；為了滿足客戶的期待，你也會因此產生繼續前進的動力。

一流業務受到表揚時，會和客戶一同分享喜悅。

遇到客訴時

## 三流的人惱羞成怒；二流思考如何解決；一流業務會怎麼看待客訴？

「為什麼素食菜單中沒有牛排？」

旅遊搜尋網站 Skyscanner 針對四百名國際飯店員工所做的調查中，確實發生過這件客訴，世界上的確有客人會提出這般「無理、找碴、刁難」的客訴。

面對這種客訴，如果為此感到生氣，只是三流的作法。不過，想辦法解決也不是個好方法。

一流業務則會這樣想：只要認真看待客訴，對方肯定會因此成為忠實顧客。

面對客訴，他們會回答：「感謝您如此寶貴的意見，我會立即為您轉達。」

無論面對任何客訴，一流業務都能平心靜氣的思考：

「素食也有不同規範，或許有些人偶爾會吃點肉也說不定……」

「哪些肉類可以提供給素食者食用呢？」

「我應該進一步研究素食者的飲食狀況。」

說不定，還能因此推出「只有今天ＯＫ！素食牛排特餐」。

如此一來，原本提出客訴的人肯定會變成忠實顧客。

美國消費者行為分析權威約翰．古德曼（John A.Goodman）所提出的「古德曼定理」，便是用理論解釋了這項業務技巧。

**古德曼定理：當顧客提出客訴時，只要應對得好、迅速解決問題，顧客的回購率通常高達八十二％。**

換句話說，理論上已證實：面對客訴如果可以迅速應對、使對方滿意，將能提高顧客的忠誠度、進而成為忠實客戶。

各位知道日本平價服飾品牌UNIQLO曾舉辦過「說UNIQLO壞話得百萬」

的活動嗎？

當時湧入約一萬多封客訴，而這些意見後來全被用來開發商品，這段經過也成為眾所皆知的案例。

## 一流業務的致勝祕訣

公司的忠實客戶，過去是否也曾提出不少抱怨或客訴呢？業務是唯一知道客戶對公司有所不滿的人。正因如此，身為公司第一線的業務，如果可以迅速面對客訴，肯定會提高客戶的忠誠度。

一流業務將客訴視為「獲得客戶信賴」的機會。

# 第 3 章

# 一流業務的「洽談技巧」

洽談業務的哲學

# 學會頂尖業務的「洽談技巧」

不懂商務談判技巧就臨陣上場，如同不知道比賽規則，只會追著球跑的足球員。做業務也是一樣，**在洽談業務前，最好先學會頂尖業務的商談戰略**。

我還是業務新人時，因為不瞭解這一點，雖然東忙西跑的「做了很多事情」，但多數都只是白費力氣而已。

後來，當我學會洽談的技巧之後，成績馬上有了一百八十度大轉變。不只業績穩定成長，也不用像以前一樣常加班了。這樣的轉變連我都很驚訝。我並不是學會了某些特殊才能，正確來說，這樣的轉變全是因為我學會了「洽談業務的技巧」。

## 洽談業務的基本步驟

先讓客戶「接受」，再談買賣

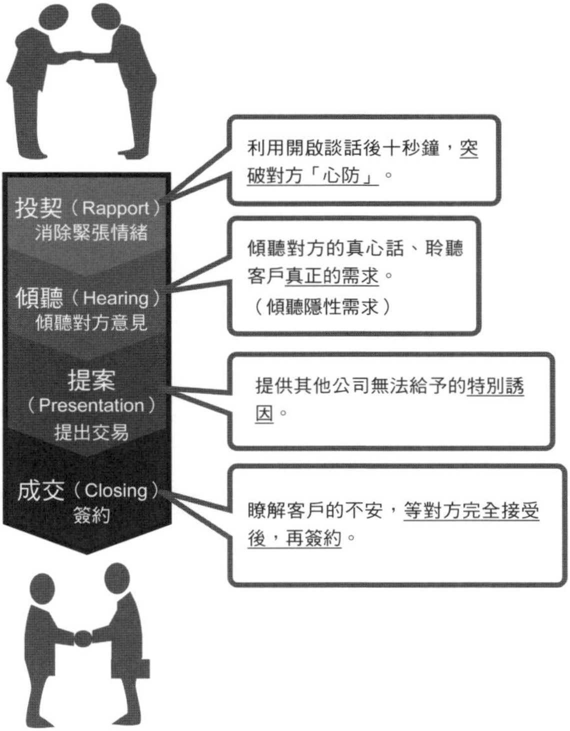

投契（Rapport）
消除緊張情緒
傾聽（Hearing）
傾聽對方意見
提案（Presentation）
提出交易
成交（Closing）
簽約
利用開啟談話後十秒鐘，突破對方「心防」。
傾聽對方的真心話、聆聽客戶真正的需求。
（傾聽隱性需求）
提供其他公司無法給予的特別誘因。
瞭解客戶的不安，等對方完全接受後，再簽約。

洽談業務的目標

## 三流的人為了介紹說明；二流為了推銷；一流業務怎麼洽談業務？

洽談業務時，各位腦子裡想的是什麼呢？

如果只想：「自己介紹得夠清楚了嗎？」或是「這樣說可以說服對方嗎？」就要特別注意了。

因為，**洽談業務時，最重要的是瞭解「客戶真正的煩惱」**。

如果沒有想到這一點，就會難以獲得客戶的真心信賴。

舉例來說：前陣子有家保全公司向我推銷他們的產品，對方非常有禮貌，詳細為我說明服務商品的特色，還幫我介紹優惠方案。

不過，我並不滿意這次的推銷，因為，洽談業務不能只是詳細介紹商品。當時，我提出的需求是可以防止資料外洩的萬全系統。儘管對方回答：「沒問題。」卻完全沒有進一步詢問：為什麼我如此在意資料管理問題。

不好的預感果然成真了，最後，對方給我的提案內容是：一旦房子遭到入侵，系統會立即通知警方。

我所謂的萬全系統，指的是根本不希望房屋遭到入侵。聽到我這麼說，對方卻告訴我：「這點請放心，我們張貼在貴府門口的保全貼紙通常都具有嚇阻作用。」

但是，對我來說，這根本就不是重點。

這種洽談業務的方法，對客戶來說只是推銷商品罷了。

同一個時間點，我找了間房地產公司，打算賣掉二十年前買的舊房子。

這場會面才是專業的商談。當時，負責的業務仔細聆聽了我的想法。接著，他根據最新數據為我解說目前的房市狀況，並提供對策給我參考。

「如果依照您期望的價格販售，半年內脫手機率有五十%、兩個月內則有二十%。但是，依照這個數據來看，我們也不敢保證一定能賣掉，所以我們的建議是……」

那時，我獲得了許多建議。

半年之後，儘管房子還沒脫手，但是我對這間房地產公司相當滿意。因為，根據對方給我的提案，我最後選擇以價格為優先，而不是時間。

換言之，**洽談業務不只是介紹商品，也不是推銷東西。真正的意義在於：確定客戶的目標，找出問題並想出解決對策。**

這並不難，只要「傾聽」就能做到。

接下來，就向各位分析各個階段「頂尖業務洽談業務的技巧」。

一流業務洽談業務的目的是「解決問題」。

投契
傾聽
提案
成交

投契談話

## 三流的人說「對了……」；二流從天氣切入；一流業務如何開啟話題？

互相交換名片之後，就要開啟話題，進入溝通了。

第一次見面時，對方多少會心有防備，因此洽談業務的第一步，要先突破對方心防，才有辦法切入真正的重點，這就是洽談業務的首要工作：**投契談話，也就是架起雙方的「心靈橋樑」**。

多數業務會以天氣開啟話題，然而這樣並不足以卸下對方的防備。解除防備的最好方法是：**針對值得讚美的地方，給予稱讚**。

「值得的地方」指的是對方重視的事情、東西，甚至是想法，例如：「狗狗的尾巴好可愛啊，我從來沒見過這麼可愛的小狗。」任何飼主聽到這段話，都不會冒出：「要你管！」的心態。

一般人的回答是：「真的嗎？」

事實上，若對方這樣回答，就是解開心防的關鍵，因為小狗對飼主而言很重要，才能產生這種效果。同樣的道理，只要一開始針對「值得讚美的地方」給予稱讚，就能瞬間解除防備。因此，洽談業務的投契談話技巧，就是當雙方換完名片、坐下來的那一刻，依照以下順序開啟話題：

**1. 表達自己對於這次見面的「喜悅」。**

**2. 針對對方「重視的東西」表現出興趣並給予讚美。**

**3. 接著進一步稱讚：「這麼棒的東西實在少見。」**

若是拜訪公司戶，首先可以表達自己的喜悅：「見到您真的很開心，謝謝您百忙中撥空與我會面。」

接下來可以說：「貴公司的櫃檯接待人員實在令人感動，我拜訪過這麼多公司，很少像貴公司做得這麼好的。」

聽到你這麼說，客戶應該會覺得：「真的嗎？」這一刻，對方的防備心就被你輕易破解了。

如果是到客戶家中拜訪，也可以這麼說：「用這些花當作居家擺飾真漂亮，我拜訪過這麼多客戶，很少看到這麼美的居家空間。」

「是嗎？」對方的防備心同樣被你輕易解除。

## 一流業務的致勝秘訣

「讚美」並不需要說出違心之論。恭維奉承的話對方一聽就知道，客戶反而因此覺得你是個「油嘴滑舌的傢伙」而提高防備。

雖然不需要做到恭維奉承，但是各位**可以從微不足道的小事中展現出關注對方的態度**。因此要養成習慣，從車庫、玄關、走道、房間等周遭環境中，找出「對方重視的東西」。

表現出關注對方的技巧無關才能，靠的是行動力。對各位來說，並不困難。

拜訪客戶時，一流業務會仔細觀察對方「值得讚美的地方」。
然後表現出自己的高度興趣，藉此開啟話題。

成交 提案 傾聽 投契

傾聽的技巧

# 三流的人只聽需求；二流只聽計畫；一流業務的傾聽重點為何？

解除客戶的心防後，接下來進入「傾聽」階段。跟大家分享一則故事：

某個會議上，下屬向社長報告「商品賣不出去的原因」。

「這個國家的成人都只穿民族服飾，在這裡販售休閒服飾實在很難。」

社長聽完後，只說了一句話：「既然這樣，我們就做新的民族服飾給他們穿不就好了？前所未有的全新設計。」

事實上，這正是發生在UNIQLO的真實故事。

這個故事告訴我們：不要輕易接受「客戶不需要」的說法。

**傾聽不是聆聽客戶的需求或計畫，而是從中發現客戶沒有察覺的「隱性需**

求」，這才是傾聽的重點。

以上述的故事來看，意思就是「雖然他們只穿民族服飾，但是這並不表示他們滿意現在的服裝」。

一流業務真正要傾聽的，是這個「……可以更好」的地方。

想要順利引導對方說出可以更好的地方，就要用到下列技巧：

**1. 先確認「狀況」。（確認商品的使用狀況及必要性等等）**

業務：「請問現在用的是哪一家公司的商品？」

客戶：「A公司。」

**2. 確認「問題（尚未百分之百滿意）」。（對方心中的擔心、不便、不滿）**

業務：「方便告訴我，包括A公司在內，您對目前市場上的這類商品有任何建議嗎？」

客戶：「如果重量再輕一點就好了。」

業務：「有什麼原因嗎？」

客戶：「因為父母都已經八十歲了，如果重量再輕一點，用起來會比較方便。」

**3. 確認「威脅」。（問題沒辦法解決的後果）**

業務：「重量不變的話，會有什麼影響嗎？」

客戶：「腰痛會越來越嚴重吧……。」

**4. 確認「理想狀況」。（對方真正的想法）**

業務：「您希望這項商品可以改進哪些地方呢？」

客戶：「重量輕一點還是比較好吧。」

**5. 確認「必要性」。（是否有必要向客戶提出對策）**

業務：「若您方便的話，可否讓我幫您針對這個問題想解決辦法？」

如同以上例子，傾聽的目的並不是為了確認對方的需求，而是要找出顧客的「隱性需求」。這也是為什麼在如今網路盛行的時代，頂尖業務仍有存在的必要性。

今後，別再說客戶「沒有」需求了。
一流業務會從傾聽中找出客戶的「隱性需求」。

提案
傾聽
投契

客戶「目前不需要」時

# 三流的人立刻放棄；二流猶豫是否追問；一流業務如何進一步詢問？

「目前還好，沒有特別需要。」

洽談業務時，有時候遲遲無法探聽到客戶真正的想法。面對這種情況，大多數的業務不是直接放棄，就是猶豫該不該進一步詢問。

事實上，這種情況並非客戶有所隱瞞，而是出在你的「問法」不對。

舉例來說，如果被問到：「這杯水好不好喝？」對方當然只會回答：「好喝。」但是，這並不代表客戶真的滿意這杯水。

也就是說，可不可以發現「客戶自己也沒有察覺的真正感受」，決定你是否為一流業務。

但是，要怎麼做才能發現客戶真正的感受呢？

各位可以運用這個業務技巧：讓對方打分數。

**透過打分數，可以輕易掌握對方真正的感受，而且不會讓對方感到不悅。**

業務：「請問，您滿意目前這台車子嗎？」

客戶：「嗯……應該滿意吧，車子也沒有什麼狀況。」

業務：「那真是太好了。不過，方便再請教您，如果請您為現在這台車打分數，滿分是十分的話，您會打幾分呢？」

客戶：「這個嘛……嗯，差不多是八分吧。」

業務：「那麼，缺少的這兩分，您覺得是哪部分有問題呢？」

客戶：「這個嘛……應該是油錢吧。一公升只能跑七公里。」

業務：「為什麼您這麼在意油錢呢？」

客戶：「因為小孩下個月就要出生了，接下來開銷會變大。」

業務：「原來是這樣，恭喜您！」

一開始，客戶的回答是「滿意」，但是看到最後你會發現「客戶對車子的油耗問題並不滿意」。

現在，越來越多業務會盡量迴避不好啟齒的事情。的確，我也知道沒有人喜歡被他人試探真心；不過，表現出「關心」、「願意傾聽」的態度，客戶會非常高興。因此，大家不妨利用打分數的談話技巧進一步詢問，就像玩猜謎遊戲，透過這種方法，客戶就不會排斥回答你的問題了。

但是，如果客戶回答「滿分十分」，該怎麼辦呢？這時候可以反問對方：

「那要怎麼做才能讓分數變成十二分呢？」

鍥而不捨有時候也是必要的。

不方便直接詢問的問題，一流業務會以「若滿分十分，你會打幾分？」的方式引導對方。

勝出的提案方法

提案
傾聽
投契

# 三流的人靠降價；二流靠商品力；一流業務以什麼來決勝負？

終於到了提案階段。若想贏過競爭對手，必須要有勝過對方的「優勢」才行。

話雖如此，也不需要隨意降價，甚至不用感嘆商品力不足，或公司沒有知名度。

我在前一份工作，曾經參與過大型提案招標。當時，公司提出的價格是其他競爭者一點五倍之多，若以總額來看，差距高達上億日圓。

不過，全場最終一致決定，選擇我們的提案。

原因在於：競爭對手只針對合約內容給予承諾，而我們的提案，卻是承諾會讓客戶成功徵才。

具體來說，其他競爭者只是提供價格優惠，相對於此，我們一決勝負的提案方法卻是「攬下所有工作，並提供所有面試相關資料」，以求客戶能成功徵才。

後來，客戶告訴我，他們最終會選擇我們的提案，這是最關鍵的原因。

我再重申一次，頂尖業務之所以有較高的成功率，**原因是：他們承諾會讓客戶成功達成目標，以示對簽約後的工作負起責任**。很多人不知道，對客戶來說，這種承諾代表的是業務的決心，對客戶來說也是種優勢。

如果只靠「商品力」來決勝負，會變成什麼狀況呢？

在這個時代，商品力的差異難以分辨，論功能性，每家公司差距幾乎都不大。就算標榜業界第一，競爭者也會說自己是「銷售第一」或是「消費者滿意度第一」，總是有各種第一可以作為賣點。如此一來，即使從商品各個角度標榜自己是「最好的」，最終還是會以價格來決勝負。

現在，**決勝負的關鍵應該是「對於成果的承諾」**。

以賣房子來說，不能再用「工法不同」作為賣點，而是提供客戶安心的「資金調度方法」；人力公司的業務可以用「徵才評選方法」來吸引客戶，而不是「優惠價格」。這種「簽約後也會負責任」的態度，將會成為最後勝出的優勢。

日本大型網購平台Japanet，利用工程人員到府安裝來銷售電腦；私人健身中心RIZAP，運用教練以郵件方式追蹤學員每一餐的飲食內容。這些方法，才是公司大受歡迎的原因。

**重要的不是價格或商品力，而是簽約後會負責到底、直到成功的態度。**

既然如此，為什麼其他人不這樣做呢？簡單來說，就是太麻煩了。

做別人覺得麻煩的事雖然毫無新意，卻是一流業務才有的想法。

對「成果」做出承諾吧。一流業務會用「負責到底」來一決勝負。

提案
傾聽
投契

撰寫企劃書

## 三流的人寫厚厚一本；二流著重排版精美；一流業務企劃書的重點為何？

各位認為怎麼樣才是最好的企劃書呢？

答案是：是否清楚說明「客戶想知道的事」。

說得越清楚，越能讓客戶滿意。

因為很多時候，客戶也須向公司內部解釋企劃書內容，才能取得上級同意。

「現在請各位看到第九十八頁。」

如果收到這麼厚的企劃書，之後又得向公司內部相關人員解釋這份企劃書，對客戶來說，簡直是種懲罰。

請各位要建立一個觀念：**給客戶厚厚的企劃書，是「不貼心的行為」**。

同樣的，著重於企劃書的排版，也只是業務的自我滿足罷了，沒有人會因為企劃書排版精美，就選擇該提案。

既然如此，最好的企劃書是什麼樣子呢？

事實上，真正優秀的企劃書應該明確顯示「讓客戶選擇的亮點」。

因此，企劃書必須完整包含 **VRIO** 架構。

「VRIO 架構」也稱作「分析優勢架構」，由美國俄亥俄州州立大學傑恩・巴尼教授（Jay B. Barney）提出，是相當知名且非常有用的理論。

**優秀企劃書必須具備的條件：**

- Value（價值）：在預算內確實達到客戶目標。
- Rareness（稀有）：內容必須是專為客戶設計。
- Inimitability（難以模仿）：其他人無法仿效。
- Organization（組織）：提供值得信賴的規劃（或業績等）。

## 企劃書基本架構（範例）

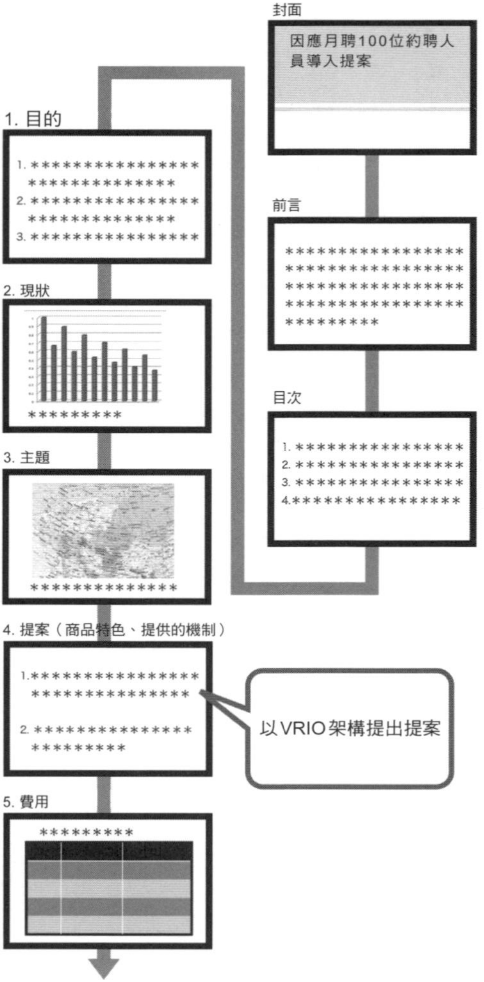


製作企劃書時，請確認內容包含以上這些要素，尤其「Inimitability（難以模仿）」能大幅提高客戶採用率。

企劃書就像運動比賽，理解並呈現裁判評分項目是提高致勝率的一大關鍵。

一流業務會在企劃書中「簡單明瞭」說明成效。

提案
傾聽
投契

簡報技巧

# 三流的人想到什麼說什麼；二流從想說的先說起；一流業務簡報最先說明什麼？

「這項產品評價很好，價格也不會太高，使用的零件也……」

這是業績遲遲沒起色的業務，做簡報時會說的話。

請各位快速唸過一遍，你會發現，可怕的是類似的話其實經常出現。

這種說法只會讓聽者毫無頭緒，因為提案者只是「想到什麼說什麼」而已。

用這種方式簡報，就算原本會通過的提案也會石沉大海。

「這個商品的評價真的很好。」

這種說法也不妥當，很可能只是簡報者自己想說的話，根本不是對方想瞭解的事情，彷彿購物頻道的「強迫推銷」。

做簡報最正確的方法是：**簡短的從「結論」，也就是對方關心的部分開始說明**。先從有利對方的重點說起，就絕對錯不了。

「使用這個商品，花費只需要現在的一半，因為……」

這種說法跟上述方式，表達內容相同，但聽起來卻差很多。

因為，這是從對方「關心的部分」開始說起。

這種說話技巧，正是擅長做簡報的人都會用的「PREP法」。

**「PREP法」指的是簡短、清楚明瞭的說話技巧，首先指出結論（Point），接著說明原因（Reason），然後舉出實例（Example），最後做出結論（Point）。**

舉例來說：

「使用這項產品，花費只需要現在的一半。」（結論Point）

↓

「因為它具有省電功能。」（原因 Reason）

↓

「就像這裡、這裡跟這裡，這三個部分都採用省電裝置，而目前市面上的產品都只有這部分使用了省電裝置。我們針對用戶所做的調查顯示，花費比以前節省了一半。」（實例 Example）

↓

「也就是說，只要使用這項產品，每個月的支出就能減少一半。」（結論 Point）

做簡報的正確方法就是從「對方關心的部分」開始說明，而不是一開始就提到產品包含三個省電裝置。

就像自排車不需要駕駛自己換檔也能前進，只要藉由 PREP 法做簡報，自然就能從「對方關心的部分」切入主題。這麼方便的方法，當然要學會才行。

一流業務會從「對方最關心的部分」開始說明。
學會「PREP法」，以簡短、清楚明瞭的方式做簡報。

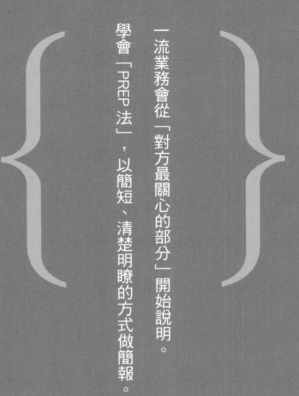

成交
提案
傾聽
投契

說服對方的技巧

## 三流的人會說我自己也在用；二流則說某某也在用；一流業務如何說服對方？

「吃了這個保健食品之後，我的身體變得很健康，你要不要也帶三十包回去？」

說出這種話的人，大多虛偽、心懷不軌。

「A公司對這項商品非常滿意，貴公司要不要考慮看看呢？」

這種說法，對方恐怕只會回答：「我們和A公司的狀況不一樣。」

我想，應該沒有人想被業務「說服」，各位也同意吧！

一旦對方開始遊說，對方反而會想：「我才不會被你說服呢！」

換言之，以業務工作來說，試圖說服對方反而會帶來反效果。

事實上，做簡報不是要說服對方，而是為了讓對方接受，這一點千萬不要忘記。

**大家一定要學會這個提案技巧，那就是：提供對方「選項」。**

首先準備好A、B兩個提案。

A是條件尚可的提案。

B則是你認為最好、真正屬意的提案。

這就是業務做簡報的技巧。

接下來，試著以下列順序向客戶簡報：

A提案的優點→A提案的缺點→B提案的缺點→B提案的優點

以裝潢公司為例：

「挑選裝潢公司的方法有兩個。

一個是『拜託朋友介紹』（A提案），

另一個是『從多家業者中做選擇』（B提案）。

第一種方法的優點是，畢竟是認識的人所介紹，可以放心選擇這間公司，但是缺點是沒有辦法多做選擇。

第二種方法確實比較麻煩，但是選擇較多，最大的優點是可以從中挑選自己滿意的設計。

依照您的需求，您覺得哪種方法比較適合呢？」

各位覺得這樣的簡報方式如何？看起來，是不是覺得對方會主動選擇B提案呢？

像這樣「提供選項」的簡報技巧，對方通常都願意接受你認為較好的提案，因此，各位一定要熟練這種簡報技巧。

一流業務會提供「選項」讓對方選擇。

成交
提案
傾聽
投契

確認是否成交

## 三流的人表示：我靜候您的好消息；二流說：我之後再和您聯絡；一流業務如何確認成交？

終於到了洽談的最後階段「成交」，也就是確認對方是否有意簽約。

不擅長成交技巧的業務，會在沒有確定此案成交的情況下，只留下「我靜候您的好消息」或「我之後再和您聯絡」，就結束簡報離開了。

客戶雖可以理解這種作法，但是沒有確認此案是否成交就離開，總會讓人心有煩躁，原因在於：客戶可能會拒絕。

「再聯絡」雖然表示之後會再次確認此案是否成交，不過這段期間，千萬不能讓客戶產生拒絕的想法。

客戶想拒絕此案，其中包含了兩個原因：

1. 還有疑問沒有獲得解決。

2. 目前沒有需求。

如果是第一個原因，客戶「希望將尚有疑問的地方確認清楚」，這時候最重要的是：業務是否有察覺客戶的心情。

因此，簡報最後，頂尖業務一定會跟客戶確認此案是否成交、想辦法讓客戶說出心裡的疑問。

舉例來說，成交的技巧共分成兩個階段，分別是簽約前以及簽約當下：

**階段一：確認成交（簽約前）**

業務：「那麼，需要我把企劃書拿給您嗎？」

客戶：「也好，那就麻煩你了。」

業務：「**您還有什麼疑慮或不瞭解的地方嗎？**」

客戶：「嗯，應該沒有吧。」

業務：「有疑問的話，我現在就可以為您解答。」
客戶：「這個嘛……應該沒問題了。」

**階段二：實際成交（提出合約書）**

業務：「謝謝您。可以麻煩您填寫這份申請書嗎？」
客戶：「……」
業務：「**請問您是否有什麼不放心或不瞭解的地方呢？**」
客戶：「其實是這樣的……」
業務：「真是抱歉，我這就為您說明……」

看完上述例子，各位應該都瞭解：**確認是否成交，其實是「幫對方釐清疑問」**，最重要的是，不能忽略對方的任何疑慮。這時候，不妨直截了當詢問對方：「請問您還有什麼不放心的地方嗎？」

不做確認就不結束簡報，也是業務的精神之一。

一流業務會確認客戶「是否還有什麼不放心的地方」。

成交 提案 傾聽 投契

當客戶拒絕此案時

## 三流的人會說「可是……」；二流會說「我瞭解了，不過……」；一流業務如何回應客戶的拒絕？

在確認是否成交的階段，如果客戶拒絕，該怎麼應對呢？

如果回答：「可是，您現在有這項需求吧？（But）」就會演變為爭執；「我瞭解了，不過您現在應該很需要吧？（Yes, But）」這種說法也令人不悅。正確的應對方式是先說：「真抱歉，我剛剛解釋得不夠清楚。」然後進一步說明。如此一來，就能輕易突破對方的心防。

前面曾經提到：「客訴」可以用來提高客戶對你的信賴度。

同理可證，當我們面對客戶提出拒絕此案的理由時，千萬不要用「可是……」或「不過……」來應對，而是欣然接受，並仔細回應，藉此提高對方對你的信賴度。因此，遇到客戶拒絕此提案時，應對方式可以分為兩個階段：

1. 設想客戶拒絕的理由，事先做好應對準備。
2. 當客戶拒絕時，以「**真抱歉，我剛剛解釋得不夠清楚**」應對，並進一步說明。

事先設想客戶拒絕的理由，可以練習的應對技巧如下：

**①誤解（偏見）**

客戶拒絕的理由：「我聽說這個東西很容易壞掉，真的沒問題嗎？」

業務的應對技巧：針對預想得到的拒絕理由，事先準備好案例或數據說明。

**②無理的要求**

客戶拒絕的理由：「如果發生問題可以退錢，我就簽約。」

業務的應對技巧：提出在傾聽階段發現的「否定（問題）」。

例如：「真抱歉。據我所知，目前可以解決此問題的方法有……雖然無法退費，但是我會盡全力幫你解決後續的問題。」一般人聽到這樣的說法，通常無法拒絕。

### ③對方無法自己做決定

客戶拒絕的理由：「我要問過上司之後才能做決定。」

業務的應對技巧：這時候，請先確認當事人的意願。若對方有意願接受此案，就主動提議幫對方做內部報告（例如製作提案報告、一同出席會議等等）。

看到這裡，各位是否瞭解了呢？

就像相聲表演，一個人負責裝傻、一個人負責吐槽，各位不妨把拒絕理由和應對技巧合在一起思考。

相聲中，吐槽有吐槽的技巧，同樣的，一流業務針對客戶拒絕的理由也有應對技巧。事先做好應對準備，也是一種服務客戶的態度。

一流業務會以「真的很抱歉，如果可以的話……」來抓住客戶的心。

# 第 4 章

# 為何一流業務總是「對工作充滿幹勁」？

工作幹勁

## 學會不被工作低潮影響

業務工作必須面對業績壓力、客戶壓力和時間壓力，更別說工作內容大多不輕鬆。理所當然的，業務一定會有對工作喪失幹勁的時候。

不過，**一流業務絕不會被低潮影響，相反的，他們甚至會將低潮視為助力。**

這並不表示一流業務具有堅強的心智，也不是面對低潮時就像「手指碰到滾水也不覺得燙」。事實上，一流業務會用理性判斷，在手指碰到滾水之前，就迅速逃開。

究竟，一流業務如何用理性對抗壓力呢？

接下來，我將為各位介紹未曾在培訓講座上傳授、一流業務的自我管理技巧。

或許，有些技巧對你來說有點困難，但是，各位只要依照自己的能力完成就好了。

今後，當壓力來襲時，哪怕只用了其中一種也好，各位也要嘗試本章所介紹的方法。

## 喪失幹勁時

# 三流的人擔心自己不適合當業務；二流焦急的想提起幹勁；一流業務如何找回熱情？

在這裡，我跟各位分享業務手冊或培訓講座上不會告訴你的事。

各位在工作過程中，是否曾遇過「喪失幹勁」的情況呢？

我切身體會過這種心情，所以跟各位分享：我如何面對工作低潮。

首先，遇到這種情況時，不需要焦慮，而是**當成「充電的時間到了」**。

幹勁不是想要就能擁有、努力就能得到的東西，所以絕不能因為沒有工作幹勁，就判定自己不適合業務工作。

既然如此，喪失工作幹勁時，該怎麼辦呢？

**這時候，請找到適合自己的充電方法**，無論是找人聊天、到咖啡廳喝杯咖啡或聽音樂等。頂尖業務之所以能跳脫消沉的意志，正是因為他們有自己的充電方法，**而我要推薦各位的方法，則是「逛書店」**。

我之所以會建議大家逛書店是因為：即使是簡單的隨意翻閱，都能從書中找到充電的靈感，例如：

**1. 改變觀點：從長遠來看，不需要感到焦慮**

舉例來說，市面上有很多書都告訴你：即便是企業名人，也吃了很多苦、嘗過許多失敗的滋味，而這些經歷最終都會成為工作上的寶貴經驗。相較於這些企業名人吃過的苦，你會發現自己的煩惱有多麼微不足道。

**2. 找到靈感：發現不一樣的業務技巧**

市面上有許多關於促購情報、說話術、客戶管理技巧等書籍，從這些沒有嘗試過的業務技巧中，可以發現「自己還能再加強的地方」。

能獲得什麼靈感，全憑你的選擇，這絕對是相當有效的充電方法。

再次重申，失去工作幹勁時，陷在低潮當中不會有任何幫助。既然如此，何不跳脫情緒，幫自己充電？

**充電時間的長短，建議事先決定。如果一直拖拖拉拉、什麼事都沒做，有時候反而讓人疲憊。**因此，既然要做，就決定好時間，例如利用接下來的一、兩個小時，好好充電。儘管只是一、兩個小時，卻往往意外的讓人感到煥然一新。

逛完書店之後，到咖啡廳坐下來好好閱讀剛剛買來的書，寫下從書中發現的靈感，也是非常有效的方法。

## 一流業務的致勝祕訣

今後請提醒自己：「為了走更長遠的路而休息叫作充電，但是偷懶、什麼都不做，就是浪費時間。」

轉念之間，是不是覺得心情輕鬆多了呢？

失去工作幹勁時，一流業務會立刻去「逛書店」。

對前景感到不安時

## 三流的人馬上換工作；二流強迫自己保持夢想；一流業務如何調適心情？

「我做了兩年業務，該學的都已經學會了，所以決定換工作。」

過去，有人對我這麼說過，雖然我很高興對方願意告訴我，但是聽到這種說法，我感到相當惋惜：「他很不安吧？」甚至是：「他周遭的前輩，肯定沒有人告訴他什麼是業務工作的樂趣。」

事實上，業務工作真正的樂趣很難在兩、三年內就體會到。

「你遇到可以當一輩子朋友的客戶了嗎？」

「你曾經和客戶一起歡呼過嗎？」

「從看不到未來的困境中努力往上爬，最後登上高峰、瞭解成功全是靠周遭人的幫忙。這種感覺，你體會過了嗎？」

才短短兩、三年的時間，應該有很多事情還沒有嘗試過。

回到正題，有時候，業務會對平淡的日子感到前途未卜，但是，當你感覺到這股不安時，或許是個好機會。各位不妨利用這個機會，磨練克服困難的能力。

對前景感到不安時，各位可以試著用「小碎步法」。

**小碎步法就是：先設定可以輕鬆達成的「小目標」，透過不斷完成目標達到「最終目標」**。舉例來說：突然要你征服聖母峰是很痛苦的事情，但是如果先征服家附近的高山，接著再征服另一座山，各位會有什麼感覺呢？

先設定自己可以辦得到的小目標，肯定會讓人對此躍躍欲試。

以業務來說，學會寫企劃書、精進書信能力，或是實際調查以瞭解客戶等等，都可以成為一個個小碎步。

透過完成這些小碎步，不但可以化解原本的不安情緒，也會發現自己正踏實、一步一步逐漸成長。

頂尖業務的成就並非一蹴可幾，一開始也都很辛苦。失眠、不想上班、受客戶責備等等，每個人都吃過苦頭，這就是業務工作。一流業務也是苦過來的，但是對他們來說「吃苦就是吃補」。

## 一流業務的致勝祕訣

當你對工作感到不安，應該考慮的不是換工作，也不必要求自己懷有多遠大的夢想。請為自己設定幾個「應該達成」的小碎步，藉著完成這些小目標，就可以化解心中的不安，現在所付出的辛苦，將來會成為你的財富。

對未來前景感到不安時，一流業務會為自己設定「可達成的小目標」。

如何看待業績目標

# 三流的人當成份內工作；二流倍感壓力；一流業務怎麼看待業績目標？

業務每天都會被業績壓力追著跑。過去，我也曾經無法適應這一點而影響睡眠，不僅難以入睡，睡覺時還會大量盜汗。

其實，只要改變想法，就能將原本的業績壓力轉變成動力。

對業績感到痛苦時，我試著用正面態度思考業績目標的「真正含意」：即使沒有達成業績目標，也不會因此丟了自己的性命；就算在公司的立場會因此變得辛苦、快做不下去了，但是還不至於丟了工作；就算減薪，也不到流落街頭的地步，只要這麼想，就能看出業績目標的真正含意。

後來，我對業績目標有了不同看法：「**業務工作並沒有風險，只要達成目標**

**就能獲得獎賞，就像一場簡單的遊戲。」**

既然如此，業績目標不過是「遊戲終點」罷了，瞭解這點之後，成功就易如反掌了。

換言之，業務工作就像遊戲，我們可以自己決定終點。

當我有這種想法後，就為自己設下挑戰目標：兩個月達到原本應該花三個月才能達成的業績目標。雖然辛苦，但這是自己設下的挑戰，完全沒有被迫的壓力。不可思議的是，一旦下定決心之後，我果真在兩個月內就達成目標。

只要有了目標，自然會朝著目標努力前進。

因此，比起達成公司指派的業績，我利用遊戲晉級的方式為自己設定自我提升的目標，業務技巧也有了顯著成長。

將業務工作遊戲化的例子還包括：

「提高洽談業務的簽約成功率。」

「主動洽詢沒有接觸過的客戶。」

用玩遊戲闖關的心情面對工作，也是一種方法。

跟大家分享一個案例：

過去，我的工作團隊中有個法國人O先生，他是我見過最厲害的業務。O先生曾說過：自己非常熱愛到府推銷和電話推銷，我對此印象非常深刻。

他畢業於倫敦商學院，擁有MBA學位，前一份工作是總公司位於瑞士的全球製藥廠，負責國際人力資源管理，是個了不起的人才。

他藉著法國人的身分，主動接近各個外資企業大老闆，甚至還跑去參加大使館的會議活動，收集了許多管理人才的名片。當他發現說著一口破爛日語的法國人身分，反而有助於到府推銷後，立刻靠著這個方法，以遊戲破關的心情不斷創造業績。

## 一流業務的致勝祕訣

再次重申，業務工作只是和自己的挑戰。當目標變得沉重時，請冷靜的改變自己的想法，將目標視為闖關遊戲。不只是業務工作，所有工作都是一場遊戲。

自己的目標，自己決定。

一流業務會將業績目標視為「遊戲」。

遇到麻煩的客戶時

# 三流的人氣呼呼；二流身心俱疲；一流業務如何應對難搞的客戶？

各位遇過麻煩、棘手的客戶嗎？

客戶百百種，有人個性十分嚴苛、待人總是很冷淡。當各位遇上麻煩的客戶時，請告訴自己：「只要默默做好該做的事，自然會有轉機。」

整理自己的情緒，**默默做好該做的事，自然會找到出路**。

我經歷過許多類似的狀況，跟各位分享其中一個例子：

客戶是位烏龍麵店老闆，對於我的拜訪，他始終不發一語（假裝沒看到我）。

我很擔心客戶是不是討厭我，但是還是告訴自己：**業務工作有時候必須無視自己的不安、繼續前進才行。**

於是，我依然每天登門拜訪，然而，三個月過去了，客戶依舊一句話也沒有對我說。

持續拜訪半年之後，客戶終於開口：「你還是不放棄啊……。」

後來，他成為了我的老客戶，也跟我簽過好幾次合約。我想，客戶當初冷淡的態度是為了測試我。與看起來難相處的人也能聊得盡興，這是業務應該有的體認。

每個人個性不盡相同，有些人非常怕生，也有人總是不遵守約定，當然也有我們完全無法理解的人。例如，我也曾遇過對方說：「你下午兩點來找我。」當我在下午一點五十五分前去拜訪時，對方卻出言威嚇：「不是還有五分鐘嗎？不把我的話當一回事，是看不起我嗎？」

我完全無法理解這位客戶的反應，甚至覺得自己怒氣快要爆發了。

不過，我告訴自己：「做生意時，遇到一點事情就發怒實在很不專業。」

「不好意思，我以後會注意。」這樣一句話，問題就解決了。

這場洽談中，我才是真正的贏家。

## 一流業務的致勝祕訣

被客戶責罵或惡意對待時，當下一定會受到打擊。

不過，若經過三年業務工作的洗禮，你一定會遇到讓你有「原來也有這些事」的正面體驗。十年之後，這些經驗都會成為你最好的聊天話題。

就我的經驗來說，我應該對「即使受到惡意對待仍默默努力做事的自己」感到驕傲。當下無法接受的打擊，在未來都可以成為正面體驗。

到最後，你會明白：**只要默默做好該做的事，越是麻煩、棘手的人，越有可能成為你的忠實客戶**。這些當下覺得麻煩、棘手的客戶，就是你工作上的財富。

遇到麻煩、棘手的客戶，只要默默做好該做的事，自然會有轉機。

想做的事行不通時

## 三流的人喪失熱忱；二流直接放棄；一流業務如何挑戰公司規定？

現在這個時代，基於風險管理立場，業務的權力漸漸受到限制。

舉例來說，假設向上司提議「為了減少客戶負擔，可不可以省略這項資料？」得到的答案應該是：「我瞭解你的意思，但是不可能省掉這個資料。」面對這種情況，有些業務會覺得：「算了，公司就是這樣……」而喪失工作的熱忱；有些人則會一開始就直接放棄，認為就算提出建議也沒有用。

事實上，這些想法都太可惜了。

對一流業務來說，這種情況只是必須征服的一座高山罷了。

既然如此，碰到這種狀況時要怎麼做呢？

答案是：**學會促使公司改變的方法**。

公司規範是必要的，因此，一流業務不會要求公司破壞既有原則、以特例處理，而是希望公司允許自己做一些「微調」，檢視是否該重新審視公司的既有原則。

舉例來說，請觀察一下自己的公司內部。

你是否覺得，頂尖業務總是可以自由的嘗試新方法？之所以如此，是因為**頂尖業務非常瞭解如何改變公司，並運用所謂的「微調」**。

我認識一位擁有十年業務經驗、出手百發百中的頂尖業務，他就是會改變公司、為公司立下新原則的人物。

「現在，我們的競爭對手正準備投入一項新的服務。一旦成功，最壞的情況就是流失我們的客戶。現在，光是對症下藥也不是辦法了，因此，我希望公司可以同意，讓我做一些新的嘗試，做出因應對策。我已經準備好了。」後來，他企劃出全新的特別服務。

這種作法並非特例，而是重新檢視公司的既有原則，以便因應未來。

最後，這位頂尖業務以此企劃創下數百萬日圓的業績，成功達成目標。

這並不困難，可以依照下列方法試著提案：

首先，點出機會，例如：「我們可以提高公司的營業額。」

接著，以較高的標準檢視現有原則，例如：「不過，依照目前這個特殊狀況，我們的團隊組織還不夠健全。」

最後，提議：「所以，是否可以允許我在期限內做一點『微調』？」

謹記這個三段論（註：運用大前提、小前提得出必然結論的邏輯推論法），藉此和公司討論，就可以從中找到改變的方法。

告訴自己：公司的原則是可以改變的。
一流業務會做小小的嘗試。

天天加班時

# 三流的人感嘆公司是黑心企業；二流無奈的默默加班；一流業務如何準時下班？

各位平時會加班嗎？

面對加班，無論是譴責公司，或是無奈的認命、放棄掙扎，情況並不會因此獲得改善。

在這裡，我要跟各位分享馬上擺脫加班的方法。

那就是，**晚上早點結束工作，隔天提早兩個小時上班。**

看到這裡，各位一定覺得我在開玩笑。不過，科學研究已經證實，早上的工作效率確實比較好。

根據日本電器公司日立製作所的研究顯示，人類的活動量從早上開始漸漸提升，到下午達到最高峰，之後便會慢慢減弱，間接證實了「白天的工作效率比較好」。

順帶一提，UNIQLO總公司的上班時間是早上七點至下午四點。這個規定在當時引起了不少話題。

網路上對此有各種不同意見，但是政策是否恰當，詢問該公司的員工最清楚。對於這項政策，所有員工一致回答：「早上的工作效率比較好。」

事實上，我擔任業務第三年時，就決定不再加班了。

一開始，我也是默默加班、趕末班電車回家。

雖然我對工作很有熱忱，但是當時的我經常走路時頭昏眼花、步履蹣跚，我驚覺自己的健康狀狀況出了問題。

於是，我索性將工作挪到隔天早上完成，自己實行了「夏令時間制度」，將時間安排提早兩個小時，例如：就寢時間從凌晨一點提前到晚上十一點；起床時間從平時的七點提早到五點；出門上班的時間也從原本的八點提早到六點。

雖然無法早退，但是可以試著縮減兩小時的加班時間。如此一來，就能讓一整天變得神清氣爽，不但工作速度變快了，效率也變得更好了。

不過，改變有時難免會引來側目。這時候我會告訴自己：只要不造成他人困擾，就算引來側目也無所謂。

順帶一提，**很多頂尖業務之所以有獨特的行事作風，並不是個性使然，而是他們追求成效的方法不同**。

就像我一再重申的：不加班的最好方法，就是「把工作挪到隔天早上完成」。

只要將工作挪到隔天早上完成，今天起就能跳脫加班的命運。

樹立假想敵

## 三流的人和同期的人相比；二流和同世代的人相比；一流業務真正的對手是誰？

我經常聽到有人自誇：「我是同期當中，表現最好的。」

表現好代表能力好，是許多新人都想達成的目標。

然而，工作三年之後，和同期競爭會變得毫無意義，這時候必須讓自己提升到下一個層次。

除了和同期的人競爭之外，也有人會和同世代相互比較，然而這沒有必要。這就像和同世代的藝人相比，一點意義也沒有，例如：我和福山雅治同年，拿我和福山雅治相比……這種比較對自己一點幫助也沒有。

換句話說，重點在於：人生各有不同，每個人的價值觀也不一樣，各自的優點和角色更是不盡相同，根本無從比較。**重要的是：和自己的未來相比。**

我非常尊敬某位友人，他是對業績異常熱中的業務。

有一次，我和他一起到美國旅行，我們坐在夕陽下的沙灘酒吧裡，他說了句令我十分震驚的話：「這裡，沒有人在意我的業績目標。」說完，他還捧腹大笑了起來。

不過，我非常瞭解他的心情。一直以來，我們都和他人在業績排名上以些微之差互相競爭。

那趟旅程的歸途中，他在巴士上說了這麼一句話：「從此以後，我只跟自己的未來相比。」

之後，他不斷朝頂尖業務的目標邁進，還成功實現了在美國創業的夢想。

而我也在二十七歲時下定決心：「十五年內要創立業務培訓公司。」之後，便朝著這個目標專心工作。

每天，我都會以「是否離目標更進一步」的標準檢視自己的行動。

但是畢竟是業務工作，心情難免會受到業績排名的影響。

不過，對我來說，業績排名不再是最重要的事了。

要對抗業績排名的數字壓力，靠的不是鬥志或毅力，更不是和他人比較，而是和未來的自己相比。

自己的未來自己決定，沒有標準答案，要做職業婦女、全職煮婦（夫）、社長、課長，或任何專業工作都一樣，自己決定就好。

**決定好未來之後往回推，思考現在的自己應該做什麼，對目前的自己而言什麼是最重要的事，接下來只要每半年自我檢視是否達成目標即可。**

改變想法，和未來的自己相比，比較能放鬆心情、獲得心靈上的餘裕。

不要和他人競爭，只和自己相比，未來會更值得期待。

業績不好時

## 三流的人空等低潮過去；二流低調行事；一流業務如何逆轉業績不振？

業務工作並非永遠一帆風順，消沉不振的低潮期真的很痛苦。

不過，如果只是空等低潮過去，或是默默潛伏，並不會讓業績好轉，而且，等待的時間內，信用和評價也會慢慢流失。

口耳相傳之下，我得知棒球選手鈴木一朗度過低潮的方法，「鈴木一朗從來沒有低潮或不安的時期，他很清楚自己該做什麼。」

我想，這個道理同樣適用於業務工作。

也就是說：**越是低潮，越要想清楚自己該做什麼。**

即便是頂尖業務，也會遇到低潮期，但是我從沒聽過一流業務會因此靜待不動，他們都知道自己接下來該做些什麼。

業務理論中有一項是「三倍提案法則」。

根據我的經驗，**面臨低潮時，只要將提案次數增加三倍、比以前多投入三倍的準備時間，最後都能達成**。

「客戶不曉得對這個提案有沒有興趣？應該會被拒絕吧？但是說不定他有興趣。」

「近來都沒有聯絡的那位客戶，說不定會有興趣。」

只要不是完全沒有勝算，都可以進一步嘗試，將這種幾近期盼的假設寫成一個又一個企劃書，這時候就會變得忙碌，沒時間陷入低潮。

一流業務的致勝祕訣

面臨低潮時，請試著提出三倍以上數量的企劃案，即使是對客戶需求的期盼也無所謂。

如果三倍太少，四倍也可以，但是最少要三倍以上，最多則沒有上限。

重要的是想清楚「自己該做什麼」，因為，低潮也可能為自己帶來無限可能。

在痛苦的時候，想清楚自己該做什麼。
一流業務會提出三倍以上數量的企劃案。

# 第 5 章

# 一流業務的「促購情報」

促購情報的哲學

# 促購情報就是業務的分身

最後這章要介紹的是「促購情報」（Sales Tool）。

我是靠促購情報鹹魚翻身的業務，過去我總是顧慮太多，以致什麼話都不敢開口說。剛開始當業務時，尋找新客戶讓我非常痛苦，壓力大到晚上睡覺都會做惡夢。

不過，自從用心準備促購情報之後，情況就完全不一樣了。

擔任人力公司的廣告業務時，一開始，每週只能成交一份新合約，後來一口氣增加到五份之多（多達五倍！）。

不只是新客戶，與不常聯絡的老客戶也更熱絡，再度成交的機率也變高了，這全靠促購情報發揮了功效。

因此，我有了不一樣的想法：「即使忙到只能偶爾去拜訪客戶，或是顧慮太多，無法對客戶完整表達時，促購情報都能替我解決這些問題。」

「**準備有效的情報，效果等同於雇用了另一個業務。**」這句話並不誇張，因為我花同樣的時間，卻能獲得兩倍以上的成果（我的新客戶增加了五倍）。因此，這一章我將讓各位的促購情報成為你的分身。

與客戶初次見面

# 三流的人直接遞出名片；二流在名片上寫字；一流業務除了名片，還遞出了什麼？

多數業務在第一次會見客戶、遞名片時，並不會多做些什麼；偶爾會有人在名片角落寫上「請多多指教」。

這樣的舉動其實已經很用心了，但是我要為各位介紹更用心的方法。

客戶經常與人交換名片，因此要讓客戶在遞名片的動作中，對你印象深刻才行。

這時候，建議各位可以使用以下方法：

第一次拜訪客戶時，將自介情報與名片一起遞給對方（範例請參照一八四頁）。

我稱呼這個為「WAM法則」，各位可以在A4紙寫下這些內容：

1. Who：我是誰？也就是這份自介的主題。

2. Achievement：身為專業業務的成績與表現（值得信賴的專業人員）。

3. Mission：業務使命，希望為客戶提供什麼服務？

我看過有人在自介情報上寫著：「我是個新人，我會努力的！」但是，對客戶來說，是不是新人毫無意義，完全感受不到任何益處。

即使是尚未有成績的新人，還是寫得出自己的使命，至少在這部分要寫點內容。

不過，雖說是使命，其實不用想得太困難，只要寫出「自己可以為客戶提供什麼幫助」就可以了。

有些公司會因為資料管理等各種因素，禁止業務製作促購情報和自介情報。這時候不妨和上司討論，找出可行的方法。若嘗試後仍不被公司允許，至少可以在名片或資料上親手寫幾句話，客戶對你的印象也會大不相同。

## 一流業務的致勝祕訣

**賣商品之前，必須先兜售自己。**

我認為，若業務「只賣商品，不賣自己」，代表他根本不瞭解業務工作。業績是好是壞，取決於是否讓對方「想跟這個人交易」。

因此，好好思考自己能做些什麼讓對方更瞭解你，才是取得業績的正確方法。

販賣商品之前，先想辦法兜售自己。
一流業務會將「自我介紹」與名片一起遞給對方。

如何與新客戶建立關係

# 三流的人寄送新品訊息；二流寄送特賣訊息；一流業務製作什麼情報給客戶？

各位都知道，業務不能僅靠一次拜訪或成交，就和客戶建立關係。

相反的，後續更要下工夫，才能讓彼此變得更密切，例如：不斷傳送新品訊息或特賣訊息給客戶便是方法之一。

這種作法雖然有其效用，但是無法拉近和客戶之間的距離。因此，**一流業務會做一些別人不做的事，也就是為客戶提供「情報刊物」**（範例請參照一八五頁）。

「情報刊物（Series Tool）」指的是定期寄送的資料，提供客戶想知道的訊息，可以引用公司原有的業界資訊，或是報章雜誌的報導，像是「根據《日經新聞》一月二十一日報導，近來……」等方式，將內容介紹給客戶。

不過，要特別留意因為著作權的問題，直接影印報導內容並不恰當。

一流業務除了《日經新聞》之外，也會閱讀業界報紙和專業雜誌。特別要注意網路新聞通常都過於籠統，並不適合作為商業訊息，請各位一定要養成閱讀報紙和專業雜誌的習慣。

我認識一位外資人壽保險的業務，他經常為客戶製作情報刊物。除了商品訊息，又另外自己製作了「○○通信」（○○為該業務的名字），介紹各種保險及生涯規劃等相關訊息。

另外，飲食雜誌的頂尖業務也會定期寄送「某某地方誌」給當地客戶，提供餐廳如何吸引消費者的相關知識。

只要用一張A4大小的印刷品提供這些訊息即可，有些業務甚至會做成電子刊物。

曾有業務將培育人才的相關知識做成電子刊物寄給客戶，根據該客戶的說法，他後來將這封刊物轉寄給公司旗下所有分店店長。換言之，在不知不覺中，該位業務已經利用電子刊物當成自己的分身，跑遍全日本了。

聽到這裡，大家在意的應該是「這個方法應該很麻煩」吧。事實並非如此，**只要平時養成收集情報的習慣，就不用因為內容傷腦筋，刊物格式確定之後，只要定期更換內容即可。**各位可以當成每個月更新一次部落格，就不會覺得麻煩了。

當然，也有部分產業對情報資訊並不熟悉，像是大型工業產業。不過，越是沒有人做，嘗試過後說不定越有趣。

「無論面對哪一種產業，都要衝撞它原本預設的商業常規」不也是業務技巧之一嗎？「情報刊物」將成為拉近你和客戶距離的一大利器。

互相交換完名片，請開始著手準備情報刊物。
一流業務會定期提供「客戶想瞭解」的訊息。

## 自介情報範例

**初次見面，您好！**

**我是System Solutions Co., Ltd**

**港區負責人 山本希！**

表明身分

今後，身為您的夥伴，我將全心全意為您服務！
我已經為您整理有關安全風險評估資料，如有需要請隨時告知，我將立刻為您送上！

親自手寫，或使用手寫字體

- 資安顧問（擁有○○○資格）
- 三百所公司行號成交紀錄
- 即使被拒絕也絕不放棄！
- 愛知縣出身
- 小學開始練習劍道，體力絕對沒有問題！

寫出
・專長
・過去成績
・使命
（WAM法則）

System Solutions Co., Ltd
東京業務處　資安部
0120-123-＊＊＊＊
nozomi.y@＊＊＊＊

用面帶笑容的照片
展現行動力

# 情報刊物範例

## 小希快訊（20XX年12月號）

您好，我是System Solutions Co., Ltd的山本希。
近來連續高溫，不知是否一切安好？
今天，我將為您介紹對「寬鬆世代」的管理技巧！

■ 指定人員專職負責人力資源發展。
******************************************
*******************************************
*******************************************
******

■ 告誡員工之前，先給予稱讚。
*******************************************
*******************************************
*******************************************
*****

■ 員工犯錯時，聆聽對方的解釋（並進一步提供解決方法）。
*******************************************
*******************************************
*******************************************
*****

■ 下指令前先詢問：「你想怎麼做？」
*******************************************
*******************************************
*******************************************

System Solutions Co., Ltd
山本希

System Solutions Co., Ltd
東京業務處　資安部
0120-123-＊＊＊＊
nozomi.y@＊＊＊＊

附上照片，即使沒見到本人，客戶也記得你的面貌

內容可用公司原有產業資訊，或參考報章雜誌

註：寬鬆世代（ゆとり世代），日本1987年之後出生，就學時期主要受到2002年開始推行的「寬鬆教育」影響，強調培養學生的思維和知識運用能力，並減少三成中學生的學習課綱，統一實行週休二日，以減輕學生的負擔。

製作情報的目的

# 三流的人以精美資料吸引目光；二流以優惠訊息引起注意；一流業務如何喚醒客戶需求？

準備促購情報的最大目的，是為了提高成交率。

這時候，如果只是「迎合既有的需求」來準備，便無法達成，只有「喚醒客戶的隱性需求」，才能提高成功率。

業務都知道，光靠醒目的精美傳單是沒用的，因此許多人會定期通知客戶各種優惠訊息。

但是，這種作法同樣沒有喚醒客戶需求，無法明顯改善成交率，而且降價甚至會讓成交金額變得更低而已。因此，真正有效的方法，是準備能「喚醒客戶隱性需求」的促購情報。

跟各位分享**我極力推薦的方法，就是提供「情報清單」給對方**（範例請參照一九四頁），就可以輕鬆發現客戶的隱性需求。

這是內行人才知道的創新作法，同樣只需要一張A4紙就能完成。

「情報清單」必須包括兩大內容：

**1. 表明「可以立即提供對方需要的訊息」**。

**2. 接著列出約五項左右的「情報清單」**。

就像外送菜單，各位可以直接使用這份清單為客戶諮詢，例如：

業務：「這裡頭有您想瞭解的情報嗎？」

客戶：「應該是第二項，有關事業繼承的情報吧……。」

業務：「我知道了，關於事業繼承的問題啊……冒昧請教，您為什麼想瞭解這方面的內容呢？」

這時候，你就可以成功發現客戶的隱性需求。

可以依照以下步驟製作「情報清單」：

1. 站在客戶的立場思考「可能有的困擾」。
2. 收集可提供幫助的情報，包括公司原有資料及網路資料。
3. 將所有資料整理成五大項，列成「情報清單」。

這並不困難，內容也沒有所謂的正確答案，只要你認為該內容適合客戶，就是最好的情報清單。

## 一流業務的致勝祕訣

當多數業務都在忙著滿足客戶的現有需求時，一流業務則思考「如何創造客戶的需求」。其中的差異，將表現在最後成果上。

各位不妨也試著透過情報清單，喚醒客戶的隱性需求吧！

一流業務會準備「情報清單」給客戶，喚醒客戶的隱性需求。

強調的賣點

# 三流的人強調新款；二流強調業界第一；一流業務強調什麼賣點？

我曾在某次培訓講座上問倒某位學員。當時，我們正在進行角色模擬，我問他：「同樣的服務，你們公司和其他公司有什麼不同？」

他回答：「我們公司的知名度是業界第一。」

於是我追問：「其他公司也說自己是業界第一，有什麼不一樣嗎？」

學員回答：「依據指標不同，我們公司在某某方面堪稱業界第一。」

我又繼續問：「這對我來說有什麼幫助嗎？」

學員：「嗯，這個嘛……」

很多人都會強調自己是「業界第一」，但是這種說法打動客戶的程度並不如預期。既然如此，一流業務會強調什麼呢？

面對客戶時，強調的不是業界第一，也不是商品性能，而是「客戶在其他地方無法獲得的好處」。

不過，要清楚傳達這一點並不容易，這時候，就要用「USP資料」清楚告訴對方什麼是「客戶在其他地方無法獲得的好處」（範例請參照一九五頁）。

**USP（Unique Selling Proposition）指的是「獨特賣點」，因此，可以有效傳達獨特賣點的資料，就稱為USP資料。**

以「業界省油第一」為例：

「比起過去，加油次數減少一半。」（針對住家附近沒有加油站的客戶）

「以每天開車來算，一年可以省下十一萬日圓。」（針對在意生活支出的客戶）

這樣的寫法才算是USP資料。

或許，有些人會覺得準備這些資料很難，但是USP資料非常容易準備，只要寫出「透過該商品或服務，你可以提供對方什麼好處」就行了。換言之，只要把「功能」以文字描述出來，就是USP資料。

各位不妨思考並整理商品或服務「可以為客戶解決的困擾」，並盡可能用數字表現，表達上會更清楚明瞭。

## 一流業務的致勝祕訣

比起口頭敘述，以資料呈現USP，更能加深對方的印象。

請先思考「客戶需要解決的困擾」是什麼，知道客戶的困擾之後，就可以從中找到商品的獨特賣點。

一流業務會在商品資料中清楚表達USP（獨特賣點）。

## 情報清單範例

「好康資料」免費發送中！

¥0 為了盡一份棉薄之力，提供以下資料給需要的客戶

請圈選您需要的資料，直接傳真到：
03-0000-0000

| No. | 好康資料： | |
|---|---|---|
| 1 | 年金改革注意事項 | |
| 2 | 聘用派遣員工注意事項 | |
| 3 | 成功聘用派遣員工案例 | |
| 4 | 派遣員工意見調查 | |
| 5 | 派遣員工薪資調查 | |

將客戶可能有興趣的資料整理成清單

| 公司名 | | | |
|---|---|---|---|
| 部門 | | 姓名 | |
| 電話 | | 信箱 | |
| 地址 | | | |

留下對方的傳真和電子信箱，方便日後提供資料

## USP 資料範例

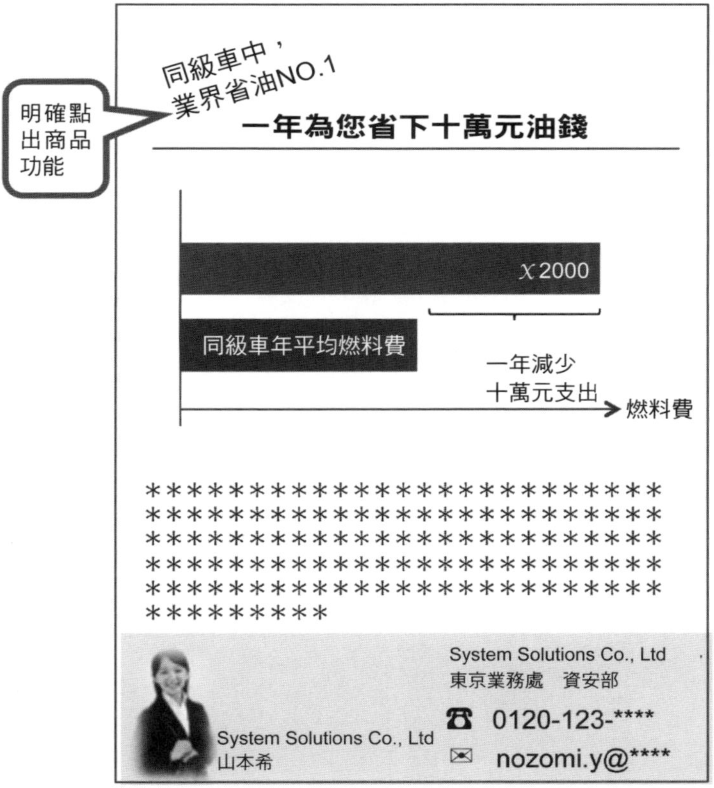

明確點出商品功能
同級車中，業界省油NO.1
一年為您省下十萬元油錢
X2000
同級車年平均燃料費
一年減少十萬元支出
燃料費
**************************
**************************
**************************
**************************
**************************
*********
System Solutions Co., Ltd
東京業務處　資安部
0120-123-****
nozomi.y@****
System Solutions Co., Ltd
山本希

展現過去成績

## 三流的人只寫出成交紀錄；二流多了成功案例；一流業務的自介會加什麼？

「這已經是我生活中不可缺少的東西了。」

電視購物一定會有消費者使用心得，與亞馬遜網站的顧客評分，或是美食網站的店家風評，性質完全相同。

**從他人的評價中判斷商品的可信度，這是消費者一致的心理反應。**

許多業務會在自我介紹中寫出「成交紀錄」，不過光憑這些，客戶還是無法瞭解你，有些人會加上「成功案例」，以增加可信度。

但是，這樣還不夠，因為一流業務會更進一步展現自己，**除了過去的成績之**

**外，他們還會在簡介中寫出「客戶評價」。**

客戶評價的可信度非常高，且效果驚人。

跟各位分享我的例子：

我的工作主要是提供網路諮詢，因此我在網路上的個人簡介是：「一年舉辦兩百場以上培訓講座與教育指導，學員回流率超過九十％。」除此之外，我也會一併呈現客戶對我的評價。

很榮幸的是，有些人對我的評價是：「待人親切誠懇，甚至記得所有學員的名字。」這種讚譽，我自己實在是說不出口，而且比起老王賣瓜，客戶評價也具有較高的可信度。

要如何獲得客戶評價呢？拜託客戶給予評價時，我不會提供任何特別的誘因，通常都只是拜託而已，因此所有的評價都是出於自願（實在非常感謝）。

我聽過有人會利用各種優惠或金錢來換取評價，不過，利用特殊方法換取評價，這些評論就不是真心的，而且一定會被識破。一旦被識破這些謊言，有時候還會給對方帶來困擾。

如今是嚴守倫理的時代，最好的作法就是誠實，因此我通常會這樣拜訪對方：「我希望將我們的服務推廣給更多人，可是如果不把優點告訴大家，推廣上實在相當困難。我想，如果可以把客戶的真實心聲說出來，說不定就能讓大家知道我們的特色。所以，很抱歉在這裡跟您提出一個任性的請求，方便的話，可不可以麻煩您為我們說幾句推薦的評語？」

各位可以清楚看出，這樣的說法並不會帶給客戶任何好處。也就是說，客戶給予評價完全是出自一片真心，我也十分感謝支持我的客戶。

## 一流業務的致勝祕訣

雖然是承蒙了對方的好意，但是各位不妨將這份心意放進簡介中，用來展現過去的個人成績。比起業務老王賣瓜，客戶評價的效果會更好。

一流業務會在自介情報中加註「客戶評價」。

發送促購情報

# 三流的人只想把資料發出去；二流思考如何讓人留下；一流業務如何為情報加分？

接下來要介紹的不是情報資訊的內容，而是讓資料發揮更大效益。

各位知道自己發出去的資料，被客戶丟掉的機率有多大嗎？

請各位要有心理準備，很遺憾的，你所發出去的資料，兩天後有九十九％的機率會被丟掉。也就是說，發出一千份資料，最後有九九〇份會被丟掉。

這些情報資料只是「用心準備給客戶丟掉的東西」，實在太悲哀了。

為了不落入被丟棄的命運，很多人會用心準備「精美資料」。但是即便如此，最後還是會被丟掉，對大家來說：「這種東西只要上網看就好。」

但是，就算資料可以上網看，還是要想辦法在客戶心中留下深刻印象，因此許多業務都會準備「資料夾」。

即使裡頭的資料被丟掉，資料夾還可以留下來。**只要在資料夾印上公司名稱和聯絡電話，就能成為被保留的資料了。**

大家一定要多加善用這個方法。

不過，我要介紹可以發揮更大功效的方法。

**發送資料之後，務必在兩天內以電話或登門拜訪的方式接觸對方。**因為，很多客戶即使感興趣，也並不會主動詢問。而這裡面，就隱藏了許多機會。

以我的親身體驗為例：

前些日子，我在桌上發現一份〇〇信託銀行的資料，應該是業務發送的傳單。

我對投資沒有興趣，不過考量到將來，我倒是想瞭解一下。我當時心想，如果對方打電話來，或許我會試著瞭解一下內容。不過，儘管有這樣的想法，卻還不至於主動打電話詢問，所以也沒有把這件事放在心上。

現在，傳單上寫的是哪一家銀行我都忘記了，且資料也早已被我丟棄。

如果當下對方主動來電，我或許會願意聽他說明：「您好，我是○○信託銀行○○分行的投資顧問，我的名字叫作○○○。非常不好意思，昨天您不在的時候留了一份關於投資的資料給您，不曉得您看過了嗎？這份資料應該可以讓您瞭解最新的投資訊息，如果您有興趣的話，我可以過去拜訪，順便送上相關資料。不曉得您對投資有沒有興趣呢？」

**一流業務的致勝祕訣**

- 請連同資料夾一起發送資料。
- 發送資料前，盡可能先確定對方電話和在家的時間。
- 資料發送完，一定要進一步聯繫。（這麼做需要勇氣，卻可以得到回報。）

只要做到以上三點，業績肯定會大幅攀升。

一流業務發送資料後，會在兩天內主動聯繫對方。

利用工具建立關係

# 三流的人只會送賀年卡；二流會寫感謝函；一流業務會送客戶什麼？

如果以為送賀年卡就能和客戶打好關係，就太天真了。

沒有客戶會因為收到業務的賀年卡就滿意、開心。

除了賀年卡之外，業務還會在成交後送上「感謝函」。

這時候，客戶通常會覺得業務禮數周到。

就算只是一張簡單的明信片或電子郵件也可以，建議各位不要省略感謝函。

不過，賀年卡也好、感謝函也好，都無法加深和客戶之間的關係。

我建議：**舉辦分享會，招待客戶參加**。這個方法非常有用，過去也為我帶來非常大的正面效益。

剛踏入社會、擔任人力公司業務時，我想舉辦「休閒型態公司說明會」，讓客戶在輕鬆的氣氛下更瞭解我的公司。

後來，我獲得上司的允許，針對客戶企劃了讀書會，名稱正是「休閒型態公司示範體驗」。名額只有三十人，一下子就被我和同事的客戶搶光了，如果是「贈送賀年卡」，恐怕只有不到三十個人想收到吧。

當然，活動結束後，我們也成功簽下好幾份合約。

事實上，很多公司都會這麼做，也就是舉辦講座。

這種作法不僅可以讓客戶滿意，還能拉近雙方距離，甚至能促成合約。

策劃這些活動比想像中簡單：

如果活動目的是為了資訊交流，人數最多三十人左右就可以了。以這樣的人數規模來看，公司本身的會議室就足以容納。

雖然準備工作需視規模大小而定，但是和公司內部會議的準備工作沒有太大差異。

・決定主題
・決定時間（大約兩小時）
・決定主講人（可以是主辦人自己）
・準備資料
・製作邀請函
・寄送邀請函或親自送交
・針對有意願進一步瞭解的人舉辦會後交流（事前需瞭解參加意願）

## 一流業務的致勝祕訣

賀年卡和感謝函雖然重要，但客戶並不會因此滿意。如果是有用的分享會，肯定可以讓客戶滿意。舉辦分享會沒有任何風險，獲得的效益卻十分驚人，既然如此，何不嘗試這個方法？各位不妨也試試，決定好主題、針對客戶舉辦分享會，肯定能馬上拉近和客戶之間的距離。

一流業務會寄送「分享會邀請函」，
針對客戶舉辦約三十人左右的分享會。

一起來　思 005

# 促購力：【成交思維】比天賦更強大，學習 43 個業務、交涉的「一流習慣」，小小改變將帶來巨大成就

營業の一流、二流、三流


作者　伊庭正康
譯者　賴郁婷
責任編輯　林子揚
封面設計　萬勝安

總編輯　陳旭華
電郵　steve@bookrep.com.tw
社長　郭重興
發行人兼出版總監　曾大福

編輯出版　一起來出版
發行　遠足文化事業有限公司
www.bookrep.com.tw
地址　23141 新北市新店區民權路 108-2 號 9 樓
電話　02-22181417
傳真　02-88671065
郵撥帳號　19504465
戶名　遠足文化事業股份有限公司
法律顧問　華洋國際專利商標事務所 蘇文生律師
印刷　成陽印刷股份有限公司

初版一刷　2017 年 8 月
二版一刷　2019 年 8 月
定價　330 元





國家圖書館出版品預行編目（CIP）

促購力：【成交思維】比天賦更強大，學習 43 個業務、交涉的「一流習慣」，小小改變將帶來巨大成就 / 伊庭正康著 ; 賴郁婷譯 . – 二版 . -- 新北市 : 一起來出版 : 遠足文化發行 , 2019.08
　面；　公分 . -- ( 一起來　思 ; 5)
譯自 : 営業の一流、二流、三流
ISBN 978-986-97567-7-8( 平裝 )

1. 銷售　2. 職場成功法
496.5　　108009256